Einführung in das Fachzeichnen

Zeichengeräte

Gute Zeichnungen erfordern gute Zeichengeräte:

AF903623

Blattgrößen (nach DIN EN ISO 5457)

Die in der Tabelle angegebenen Maße gelten für fertig beschnittene Zeichnungen der Reihe A.

Ergänze die Tabelle (runde auf ganze Millimeter ab)!

Format	A0	A1	A2	A3	A4	A5	A6
mm	841 x 1189	594 x 841	420 x 594	x 420	x 297	x 210	x

Die Formate A0 bis A3 dürfen nur im Querformat verwendet werden. Das Format A4 darf sowohl im Quer- als auch im Hochformat ausgeführt werden. Der Schriftfeldabstand vom Blattrand beträgt 5 mm.

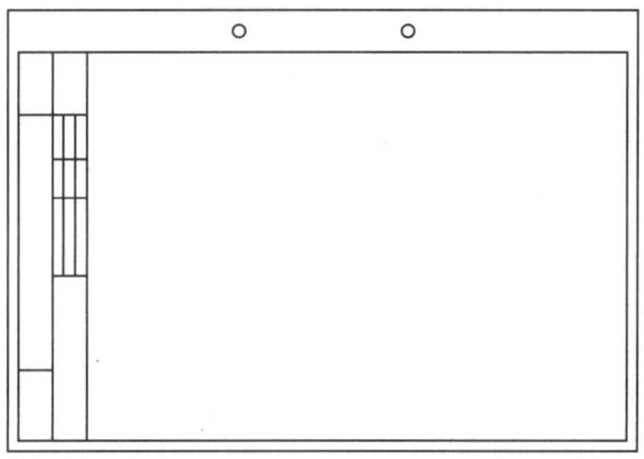

Wird das Zeichenblatt (A4) in Querlage benutzt, liegt das Schriftfeld immer ____________ .

Schriftfeld

Für Schulzeichnungen hat sich folgendes Schriftfeld bewährt:

Klasse:		Datum	Name	Schule:
	Gezeichnet			
Maße in mm	Geprüft			
Maßstab:				Zeichnung

Maßstäbe

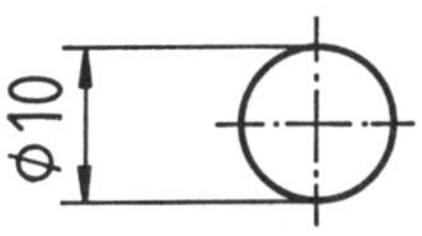

1 : 1 = ______________

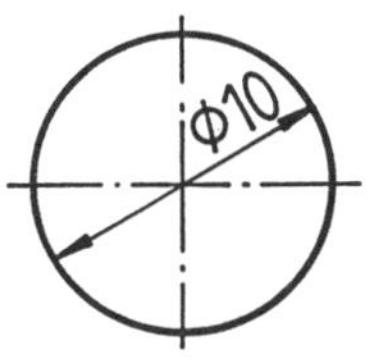

2 : 1 = ______________

(5 : 1, 10 : 1)

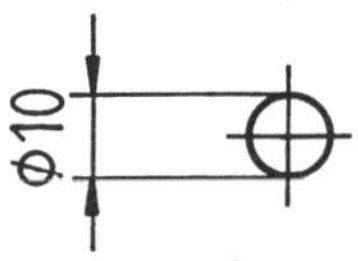

1 : 2 = ______________

1 : 5, 1 : 10, 1 : 20, 1 : 50, 1 : 100)

Berechne die Zeichenlängen!

Werkstücklänge 1 : 1	Länge in der Zeichnung 2 : 1	5 : 1	1 : 5
10			
7			
25			
105			

Als Maßzahlen werden immer die ______________ Maße des Werkstücks eingetragen.

Linien DIN EN ISO 128-2, -3

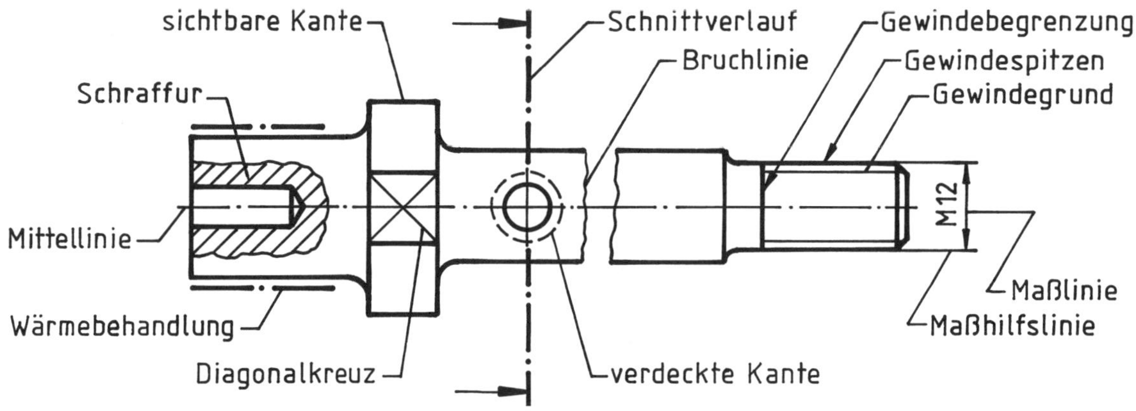

Entnimm die Anwendungsbeispiele der Zeichnung!

Linienarten		Breite mm	Anwendungen
	Volllinie (breit)	0,7 **0,5**	
	Volllinie (schmal)	0,35 **0,25**	
Strich: ca. 5 mm; Lücke: 1 mm	Strichlinie (schmal)	0,35 **0,25**	
Strich: ca. 10 mm, Lücke: 1 mm	Strichpunktlinie (breit)	0,7 **0,5**	
Strich: ca. 10 mm, Lücke: 1 mm	Strichpunktlinie (schmal)	0,35 **0,25**	
	Freihandlinie (schmal)	0,35 **0,25**	

Weitere Anwendungsmöglichkeiten:

breite Volllinie: Hauptdarstellungen in Diagrammen, Karten, Fließbildern; Systemlinien im Stahlbau

schmale Volllinie: Lichtkanten, Hinweislinien, Umrisse eingeklappter Schnitte, kurze Mittellinien, Biegelinien, Umrahmungen von Einzelheiten, Fußkreise bei Verzahnungen, Umrahmungen von Prüfmaßen, Projektionslinien, Rasterlinien

schmale Strichpunktlinie: Symmetrielinien, Trajektorien, Teilkreise bei Verzahnungen, Lochkreise

Weitere Linienarten und ihre Anwendungsmöglichkeiten

	Strichlinie (breit)	0,7 **0,5**	mögliche Kennzeichnung zulässiger Oberflächenbehandlung
Winkel: 30°, Höhe: 5 mm	Zickzacklinie (schmal)	0,35 **0,25**	Bruchlinie
	Strichpunktlinie (schmal; Enden und Richtungsänderungen breit)	0,7/**0,5** 0,35/**0,25**	Schnittverlauf (bevorzugt ist jedoch die breite Strichpunktlinie)
	Strich-Zweipunktlinie (schmal)	0,35 **0,25**	Umrisse von angrenzenden Teilen; Grenzstellungen von beweglichen Teilen; Schwerlinien; ursprüngliche Umrisse vor der Verformung; Teile, die vor der Schnittebene liegen; Umrisse von wahlweisen Ausführungen; Fertigformen in Rohteilen; Umrahmungen für besondere Bereiche (z. B. Firmenschild)

Linienarten

Breite Volllinie

Breite Strichpunktlinie

Schmale Strichpunktlinie

Schmale Volllinie

Freihandlinie

Schraffur

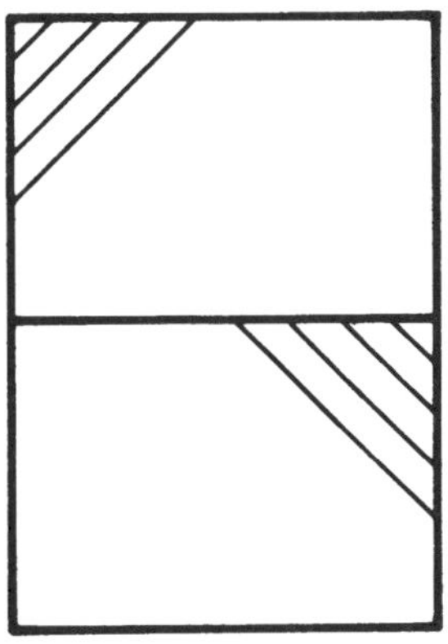

Strichlinie

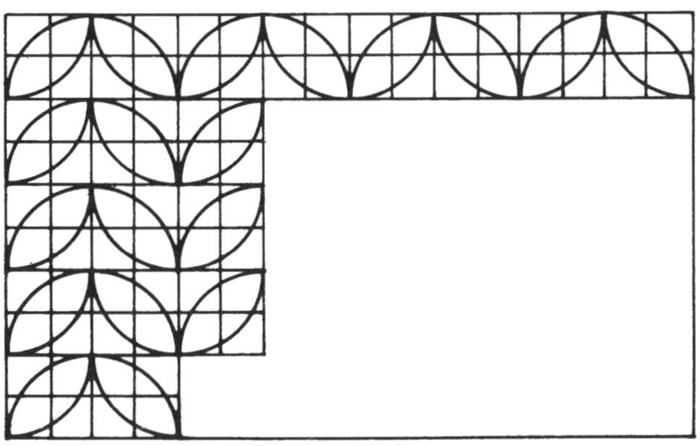

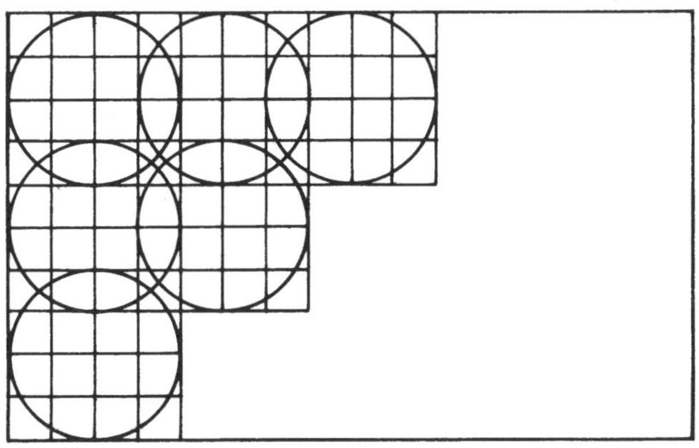

Vervollständige die Linienarten im vorgegebenen Abstand und die Zirkelübung!

Name	*Klasse*	*Datum*	*Maße in mm*	**3**

Normschrift DIN EN ISO 3098-1

Merkmale der Normschrift:

____

____

Die Schrift darf vertikal oder unter 15° nach rechts geneigt (kursiv) sein.
Bevorzugt wird die **Schriftform B vertikal:**

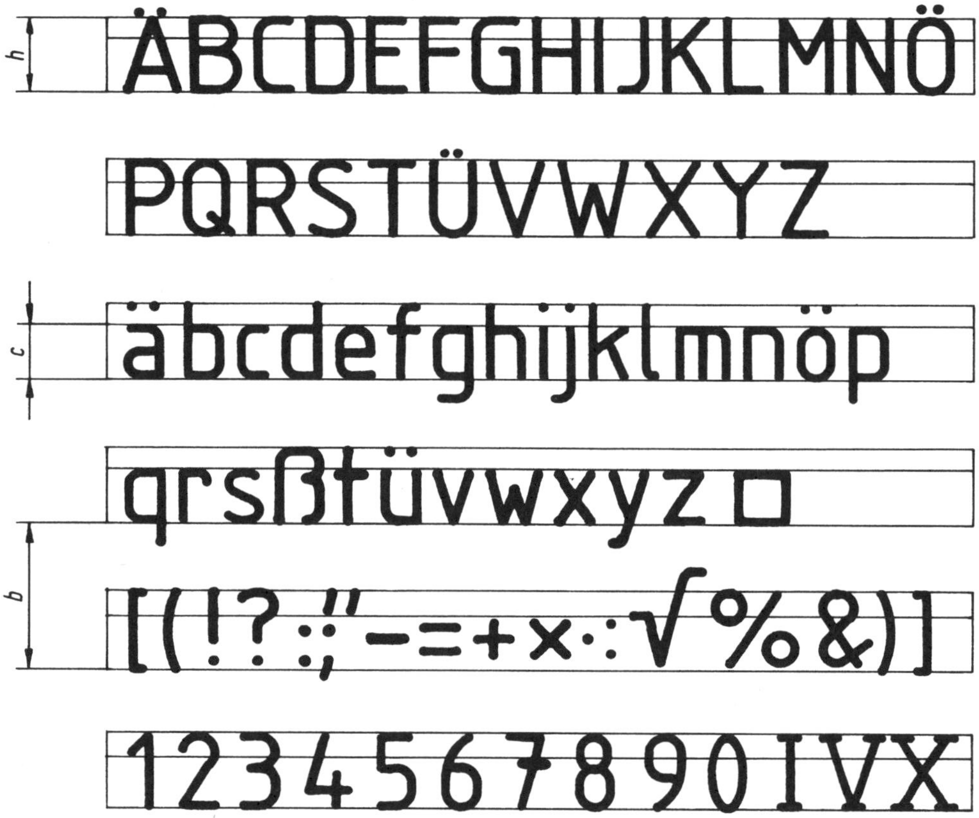

Nennhöhen h in mm:

1,8	2,5	3,5	5	7	10	14	20

Rechenübung			Nennhöhe *h*				
			1,8	2,5	3,5	5	7
Höhe der Großbuchstaben	(*h*)	10/10 • *h*					
Höhe der Kleinbuchstaben	(*c*)	7/10 • *h*					
Linienbreiten		1/10 • *h*					
Kleinster Zeilenabstand	(*b*)	19/10 • *h*					
Kleinster Buchstabenabstand		2/10 • *h*					

Die Höhen *h* und *c* sollen mindestens __________ mm betragen. Werden gleichzeitig Groß- und Kleinbuchstaben verwendet, muss mindestens die Schrifthöhe __________ mm gewählt werden.

Große Buchstaben und Zahlen

I
L
F
E
H
T
X
Y
K
Z
N
M
V
1
7
4
0
6
9
3
8
5
2

W
A
J
U
D
C
G
O
Q
P
R
B
S
17
4,6
3^2
8 ¼
90°
⌀6
□5
2"
R7
DIN 1301-1

Name	Klasse	Datum	Maße in mm	5

Kleine Buchstaben

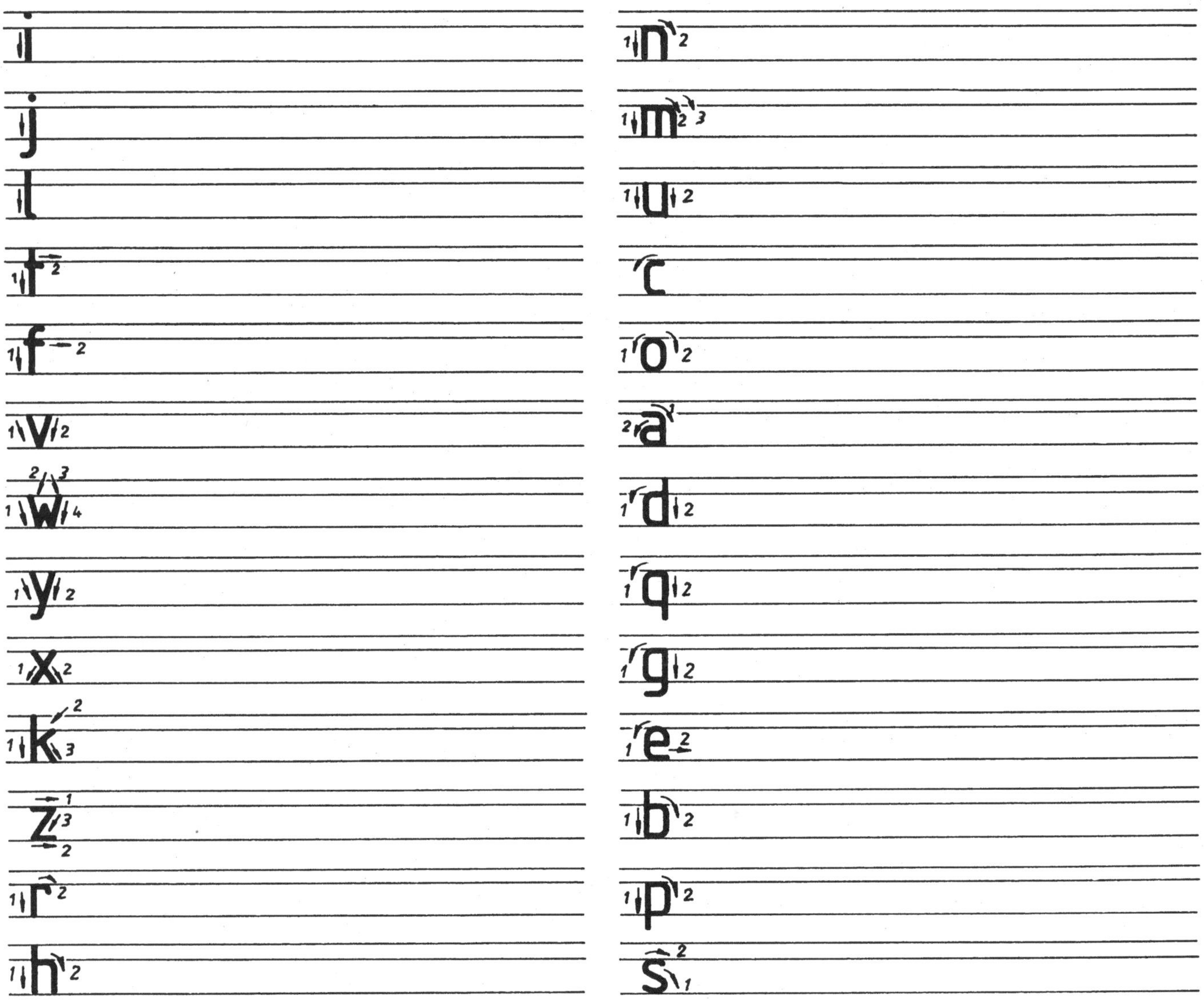

h = 5 mm

Geometrische Grundkonstruktionen

1. Teilen einer Strecke in beliebige gleiche Teile

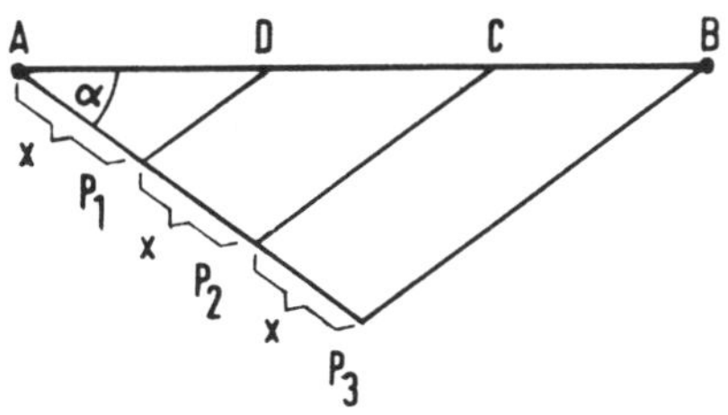

Teile die Strecke $\overline{AB}$ in 5 gleiche Teile!

2. Konstruktion einer Parallelen h zu der Geraden g durch den Punkt P

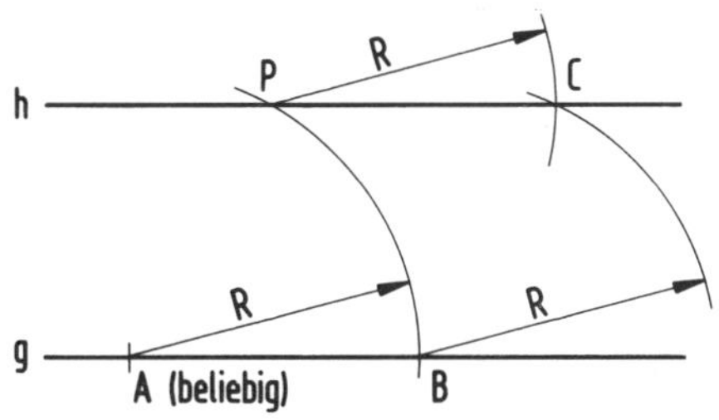

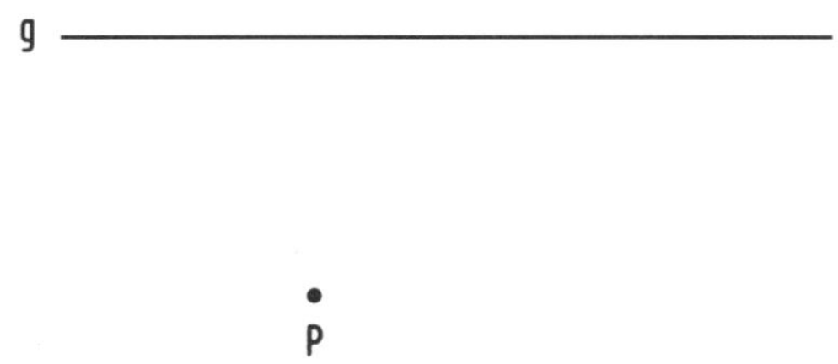

3. Halbieren eines Winkels

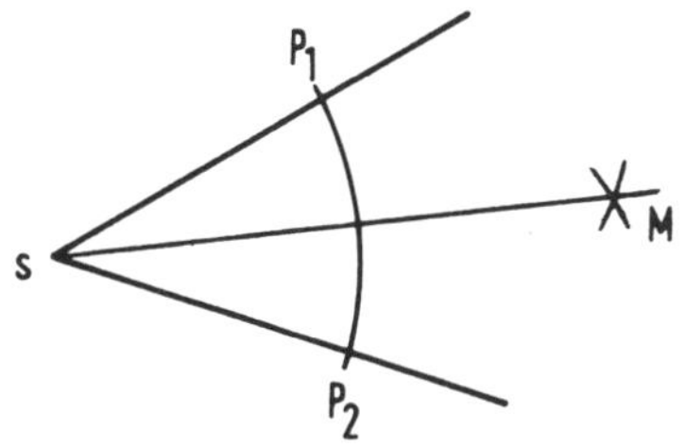

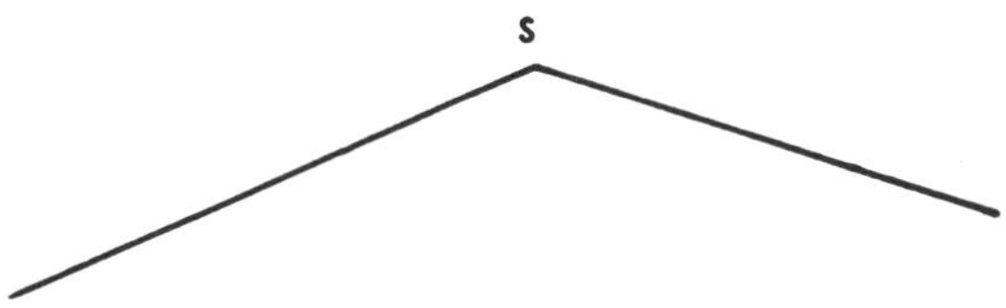

4. Verbinden zweier Geraden durch einen Kreisbogen mit Radius R

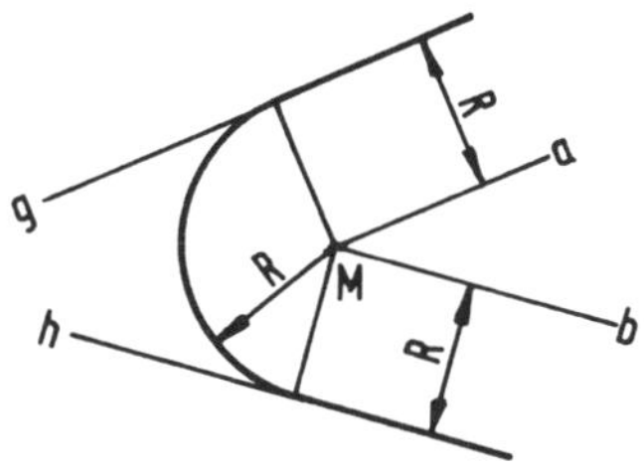

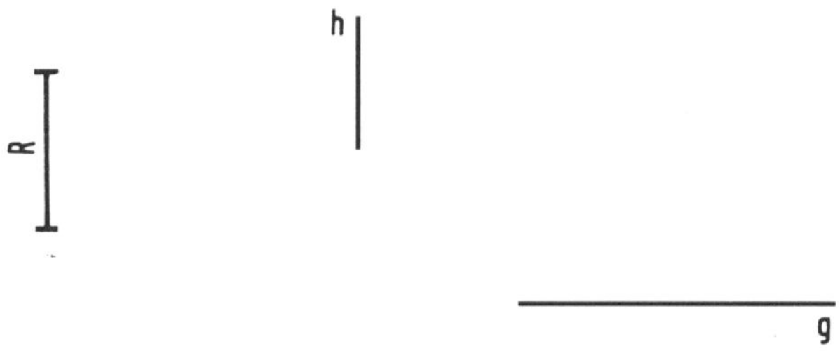

5. Verbinden zweier Punkte durch einen Kreisbogen mit Radius R

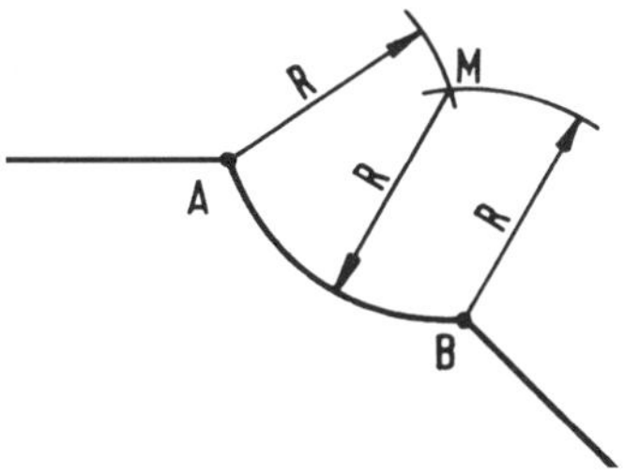

6. Verbinden zweier Kreise durch einen Kreisbogen mit Radius R

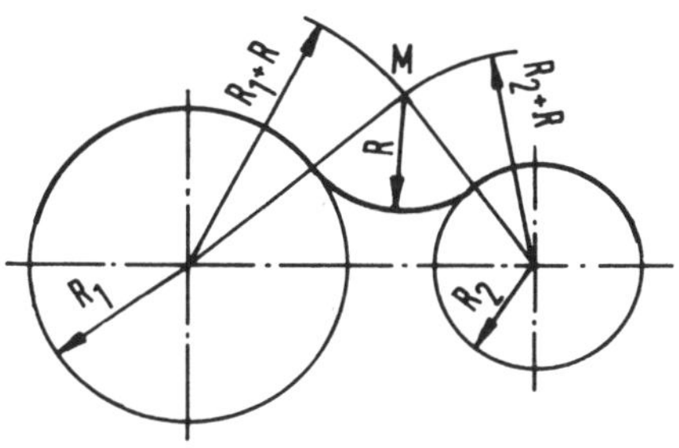

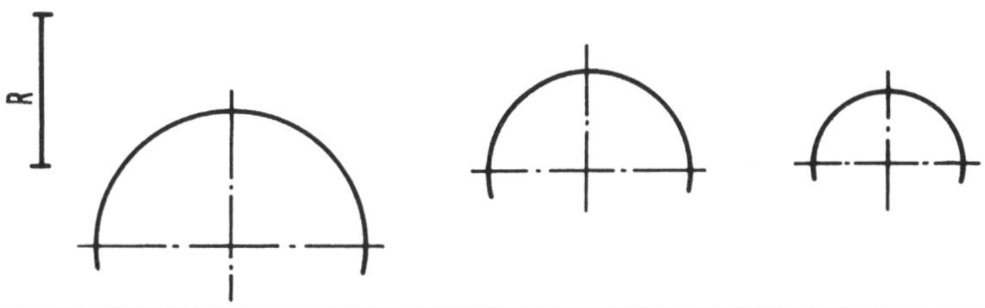

Name	Klasse	Datum	*Maße in mm*	**7**

Flache, eckige Werkstücke in einer Ansicht

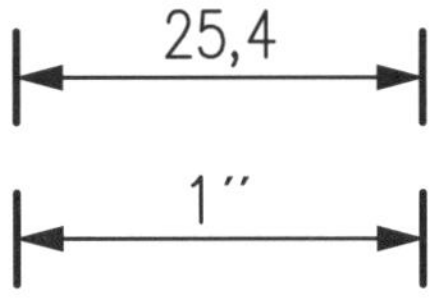

1. **Maße** werden in ______________ ohne ______________ eingetragen. Bei ______________________ Maßen müssen die entsprechenden Einheiten angegeben werden.
Die Maßzahlen werden in Richtung der ______________ geschrieben (*h* = ________ mm).

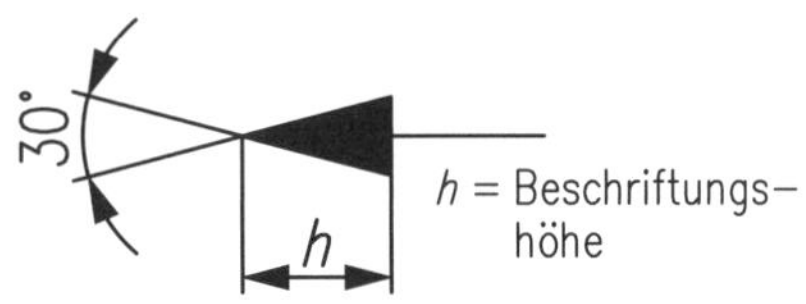

2. Die **Maßpfeile** sind bei der Liniengruppe 0,5 ______ mm lang und werden ____________________ .

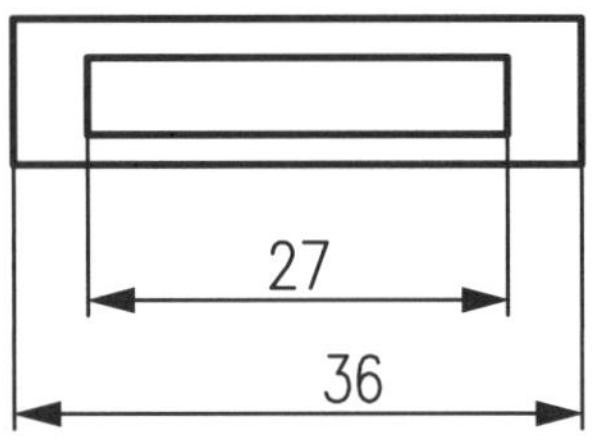

3. **Maßlinien** müssen von der Körperkante ≈ ________ mm, von parallelen Maßlinien ≈ ______ mm entfernt sein. Die **Maßzahlen** stehen ____________ den Maßlinien und sind gegeneinander zu __________________.
Nur bei Platzmangel dürfen die Maßlinien zum Eintragen der Maßzahlen unterbrochen werden.
Die **Maßhilfslinien** gehen ______________ mm über die Maßlinien hinaus.

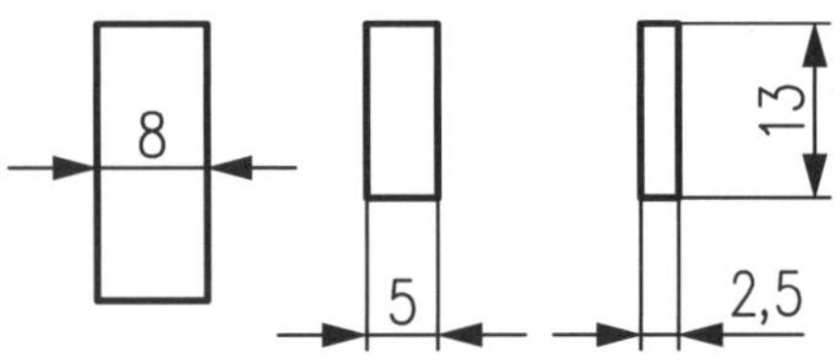

4. **Maßzahlen** sollen bevorzugt entweder von ______________ oder von ____________ lesbar sein. Kleine Maße, z. B. unter ________ mm, erhalten die Pfeile von __________. Reicht der Platz für die Maßzahlen zwischen den ______________ oder den ________________ nicht aus, werden sie über den Maßpfeilen eingetragen.

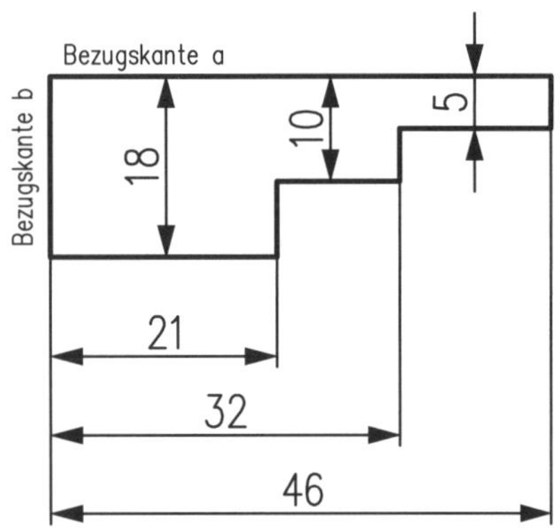

5. Die **Bemaßung** erfolgt von ________________________ aus. Das ______________ Maß steht dem Werkstück am nächsten. Maße, die sich von selbst ergeben, werden ____________ eingetragen.

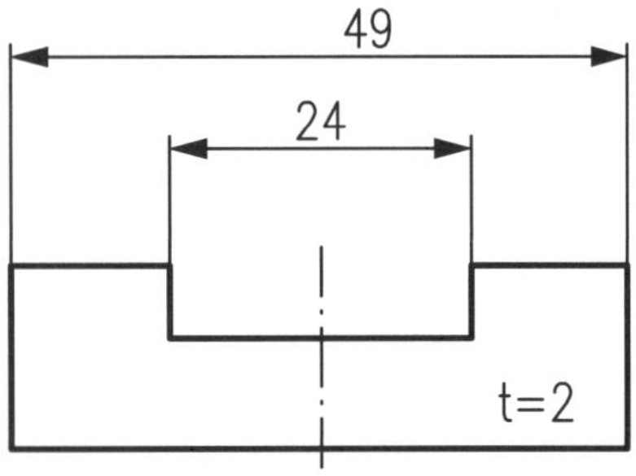

6. **Symmetrische Werkstücke** werden symmetrisch zur ________ ____________ bemaßt, die __________ mm über die Körperkante hinausragt.
Flache Werkstücke stellt man in __________ Ansicht dar. Die ______________________ kann in der Fläche oder daneben angegeben werden.
Beispiel: __________

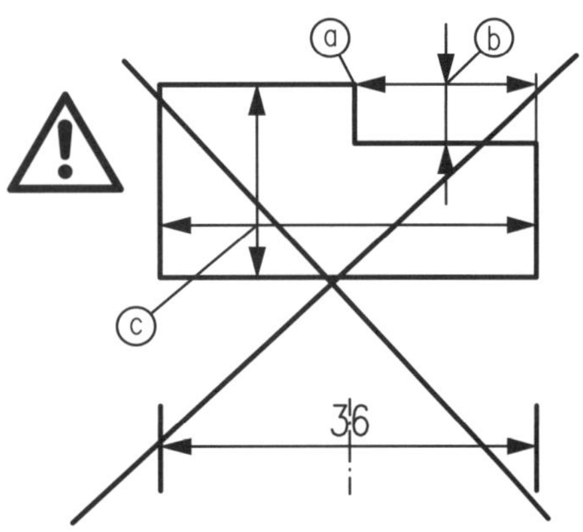

7. **Maßlinien dürfen nicht** in Verlängerung von ⓐ ____________ ______________ gezogen, als ⓑ ____________________ benutzt und sollen nicht von anderen Maßlinien ⓒ __________ ______________ werden.

Maßzahlen dürfen nicht von Linien ______________ werden.
Mittellinien sind zu ____________________.

Name	Klasse	Datum	*Maße in mm*	8

Flache, eckige Werkstücke in einer Ansicht

Ein Flachstahl 40 x 10, 80 lang, hat einen Ausschnitt 20 breit und 30 tief.
Maßbezugslinien sind die untere Kante und die Mittellinie.

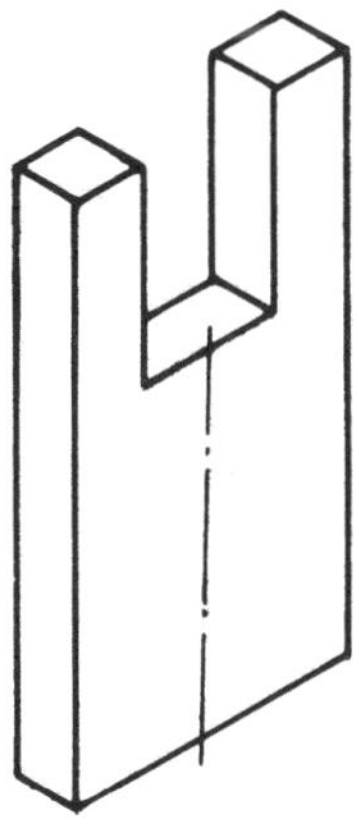

Geg.: Text, Schrägbild
Ges.: Darstellung mit Bemaßung

1 : 1	**Formblech** S185	**A**

Ein Stahlblech 60 x 8, 80 lang, hat an der oberen Schmalseite einen Ausschnitt 20 x 30.
Die Ecken dieser Seite sind auf 10 x 45 eingeschnitten, die Ecken der anderen Seite 10 x 10.

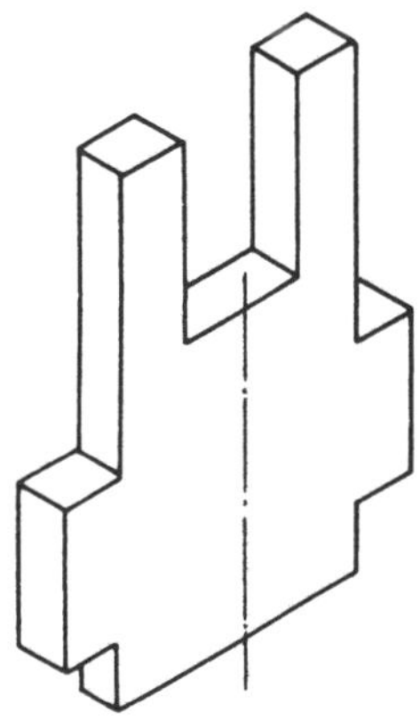

Geg.: Text, Schrägbild
Ges.: Darstellung mit Bemaßung

1 : 1	**Stahlblech** S185	**B**

Das Stufenblech, 5 dick, ist im Maßstab 1 : 2 verkleinert. Zeichne das Werkstück im Maßstab 1 : 1 und bemaße von der linken und unteren Kante aus. Die Maße sind der Zeichnung zu entnehmen.

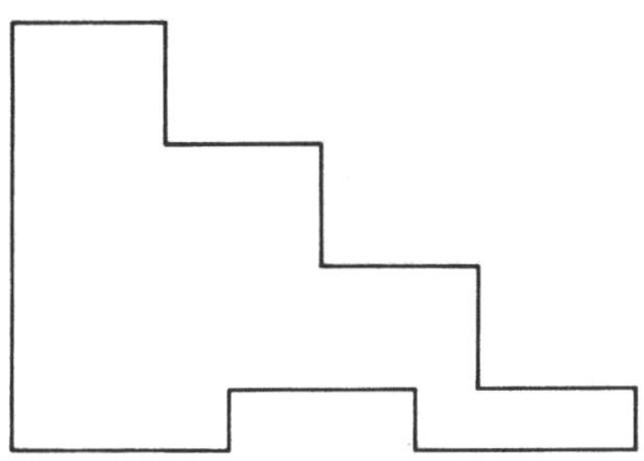

Geg.: Text, Umriss 1 : 2
Ges.: Darstellung mit Bemaßung

1 : 1	**Stufenblech** S185	**C**

Die Lehre, 10 dick, ist im Maßstab 1 : 2 verkleinert. Zeichne das Werkstück im Maßstab 1 : 1 und bemaße von der Mittellinie und der unteren Körperkante aus. Die Maße sind der Zeichnung zu entnehmen.

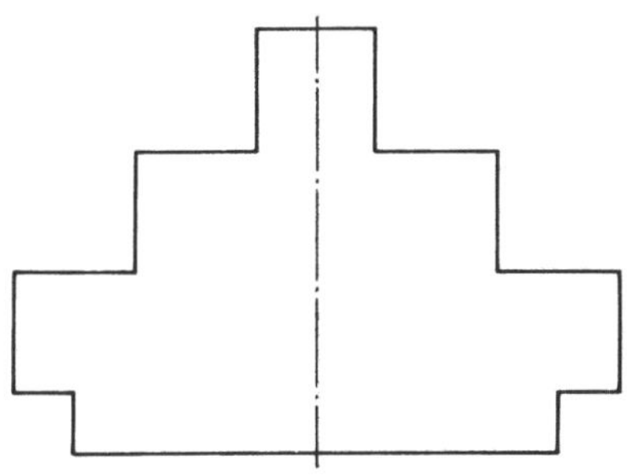

Geg.: Text, Umriss 1 : 2
Ges.: Darstellung mit Bemaßung

1 : 1	**Lehre** S235JR	**D**

Name	*Klasse*	*Datum*	*Maße in mm*	**9**

Flache, abgerundete Werkstücke in einer Ansicht

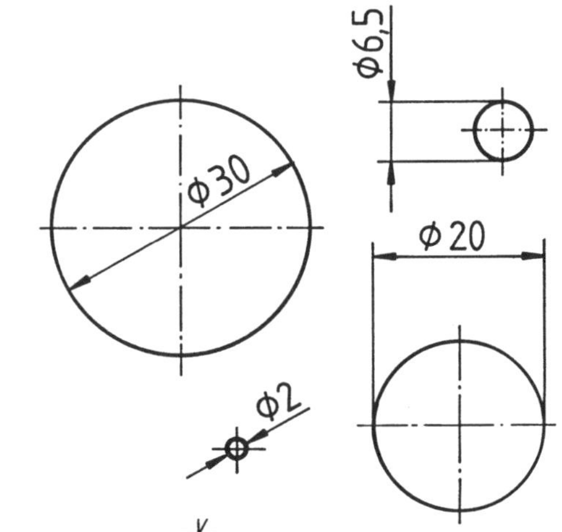

1. **Kreise** erhalten ein ______________________. Mittellinien schneiden sich immer im ____________. Sie beginnen und enden ebenfalls mit einem ______________. Kurze Mittellinien werden zu ______________________________ vereinfacht.
Das Durchmessermaß wird mit zwei Maßpfeilen an die ________ ____________ oder an die ______________ des Kreises gezogen. In jedem Falle wird das ____________________ Ø (7/10 *h*) ____________ die Maßzahl gesetzt.

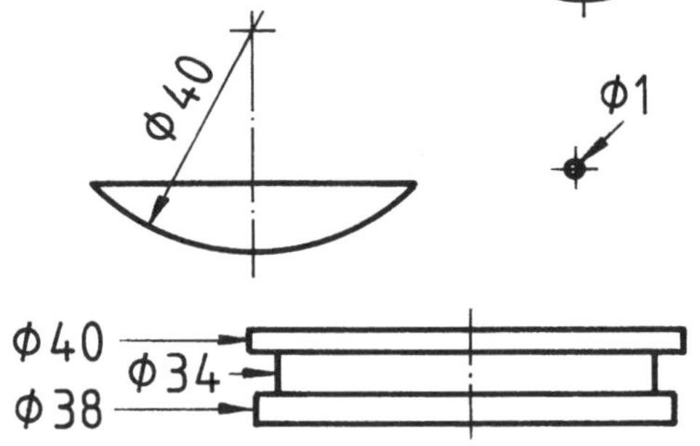

2. Bei sehr **kleinen Kreisen** setzt man das Durchmessermaß mit einem ______________________ an den Kreis.
Bei Platzmangel dürfen die Durchmessermaße mit einem Maßpfeil ________________ an die Körperkante gezogen werden.

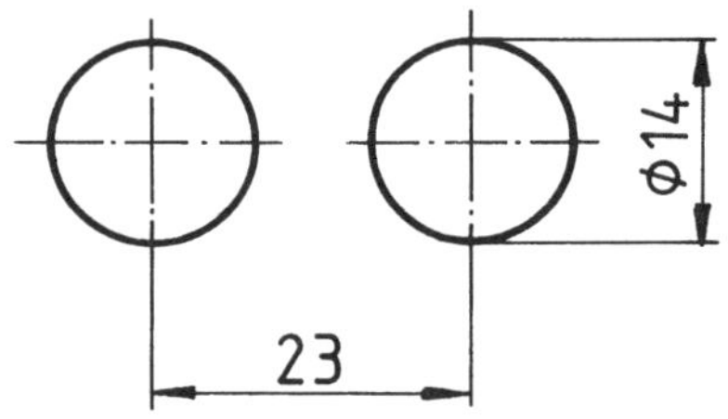

3. Von **mehreren Durchmessern** der gleichen Größe wird nur ____________ bemaßt. - Mittellinien können als ______________ ______________ verwendet werden. Man zieht sie außerhalb der Körperkanten als ______________________________. **Lochabstände** beziehen sich immer auf den ______________________ des Loches.

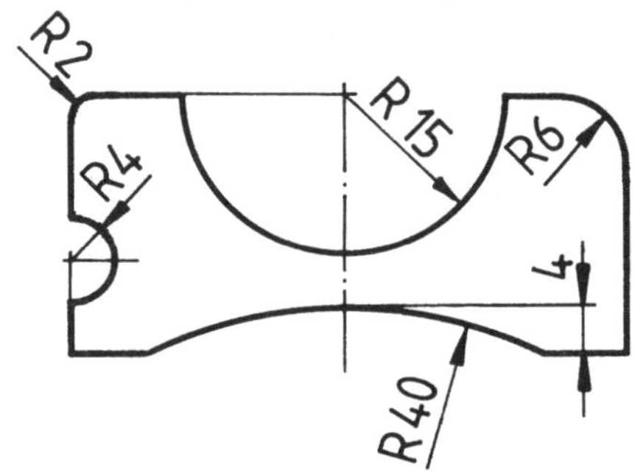

4. **Halbmesser** werden durch ein ______ gekennzeichnet und erhalten nur ________________________________ an der Kreislinie.
Der Mittelpunkt wird durch ein ____________________________ festgelegt. In ______________________ Fällen darf auf die Kennzeichnung des Mittelpunktes verzichtet werden.

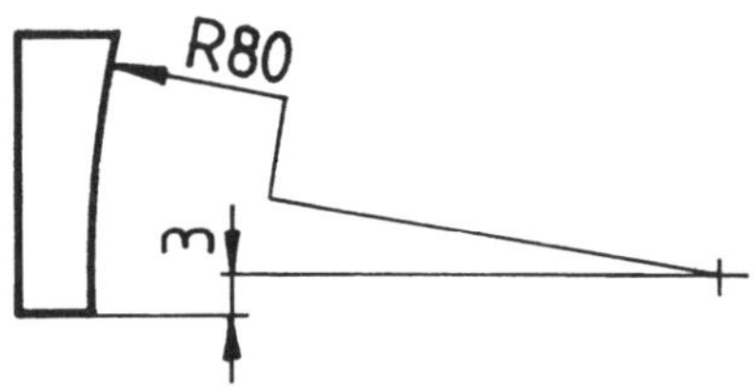

5. Muss der **Mittelpunkt eines großen Halbmessers** zur Bemaßung an die Zeichnung herangerückt werden, so ist die Halbmessermaßlinie ____.
Die Verlängerung der Maßlinie weist immer auf den ____________ ____ des Halbmessers.

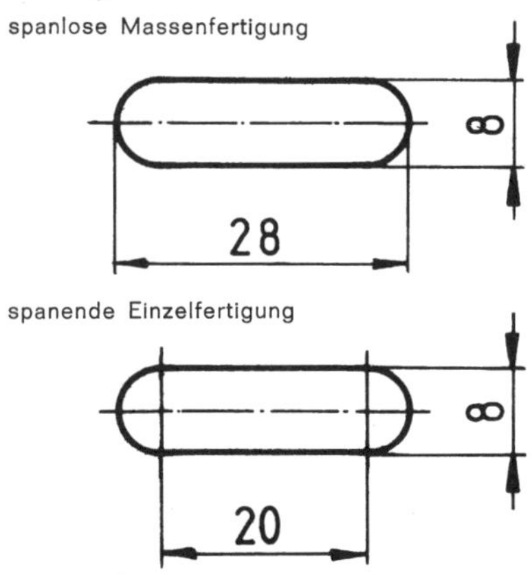

6. Bei der Bemaßung von Langlöchern wird die ________________ ______________________ berücksichtigt. Es können die ________ ______________ oder die ____________________ bemaßt werden.

Flache, abgerundete Werkstücke in einer Ansicht

Außenmaße:	30 x 18
Dicke:	2
Lochdurchmesser:	8, mittig
Abrundung:	*D* = 18
Breite des linken Lappens:	8
Breite des rechten Lappens:	5
Maßbezugslinien:	Mittellinien

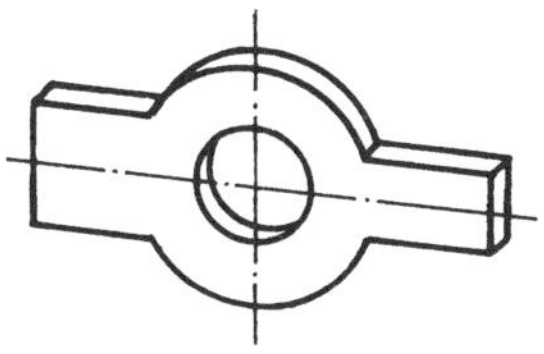

Geg.: Text, Schrägbild
Ges.: Darstellung mit Bemaßung

2 : 1	**Sicherungsblech** S185	**A**

Außenmaße:	78 x 60
Dicke:	5
Lochdurchmesser:	10
Lochabstand:	50, von unten 14
Abrundung:	*R* = 14
Ausschnitt:	*R* = 20, Mittelpunkt: ⊥ Mittellinie ∩ oberer Körperkante
Maßbezugslinien:	Mittellinie, untere Kante

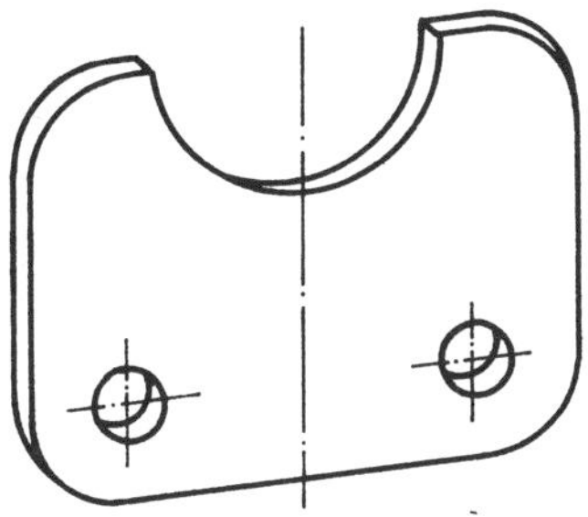

Geg.: Text, Schrägbild
Ges.: Darstellung mit Bemaßung

1 : 1	**Abschlussblech** S235JR	**B**

Außenmaße:	50 x 90
Dicke:	5
Lochdurchmesser:	30
Lochabstand:	55, von unten
Abrundungen:	oben *R* = 35, Übergang: *R* = 5
Lappen:	20 breit, 20 hoch
Ausschnitt:	*R* = 6, Mittelpunkt: ⊥ Mittellinie ∩ unterer Körperkante
Maßbezugslinien:	Mittellinie, untere Kante

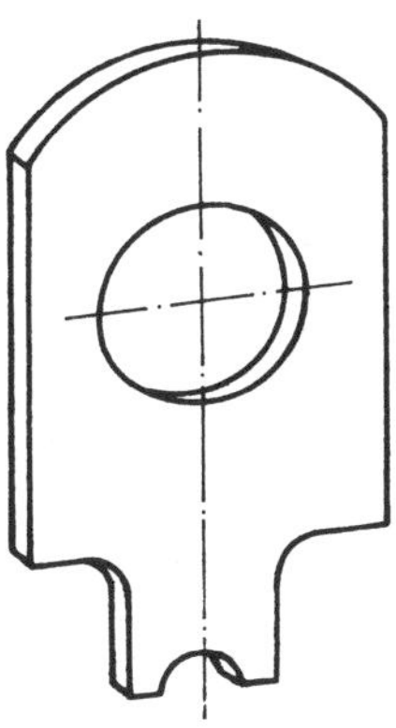

Geg.: Text, Schrägbild
Ges.: Darstellung mit Bemaßung

1 : 1	**Lasche** S235JR	**C**

Außenmaße:	120 x 60	
Dicke:	6	
Lochdurchmesser:	30	
Langloch:	10 breit	
Mittenabstand:	75	
Abrundungen:	links	*D* = 60
	rechts	*D* = 30
	Übergang	*R* = 38
Maßbezugslinien:	Mittellinien	

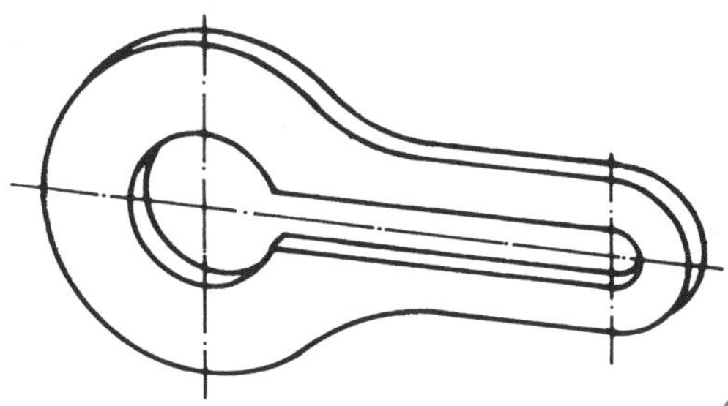

Geg.: Text, Schrägbild
Ges.: Darstellung mit Bemaßung

1 : 1	**Führungslasche** S275J0	**D**

Name	Klasse	Datum	Maße in mm	11

Einführung in die räumliche Darstellung

1. Kabinett-Projektion

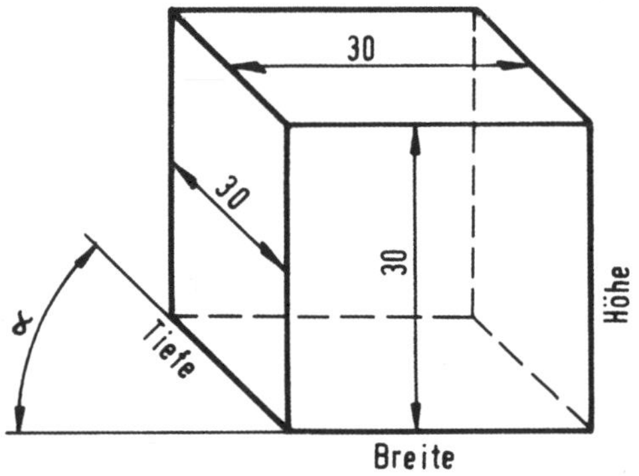

Winkel α = ______

Breite: Maßstab ______

Höhe: Maßstab ______

Tiefe: Maßstab ______

Bei Zeichnungen auf kariertem Papier empfiehlt sich eine Verkürzung 0,7:1, d. h. eine Kästchendiagonale entspricht 10 mm.

2. Dimetrische Projektion

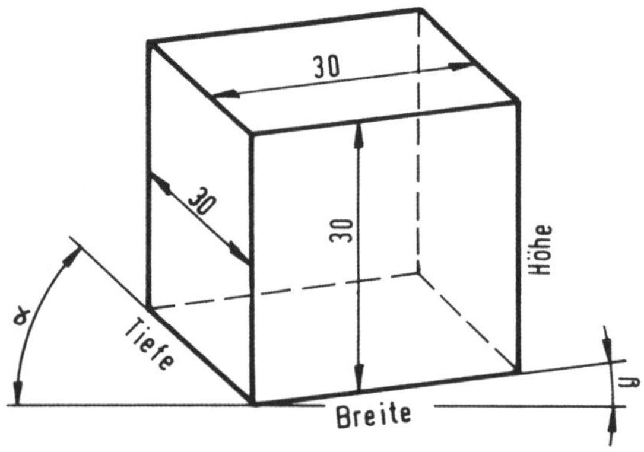

Winkel α = ______, β = ______

Breite: Maßstab ______

Höhe: Maßstab ______

Tiefe: Maßstab ______

3. Isometrische Projektion

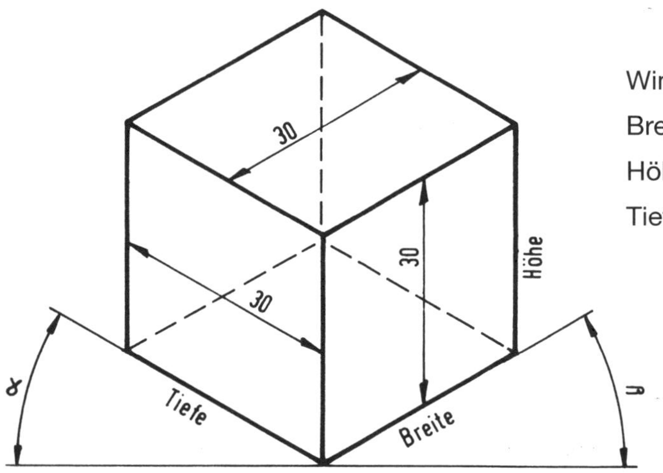

Winkel α = ______, β = ______

Breite: Maßstab ______

Höhe: Maßstab ______

Tiefe: Maßstab ______

Ergänze die Tabelle!

	dimetrisch (dis = zwei)	isometrisch (iso = gleich)
Maßstäbe:		
Wesentliches zeigen:		
Breite : Höhe : Tiefe wie		

Bei Säulen geht man von der Vorderfläche, bei Spitzkörpern (z. B. Kegel) von der Grundfläche aus. Zeichne immer zuerst den Grundkörper (z. B. Quader) und entwickle daraus die Werkstückform!

Einführung in die räumliche Darstellung

Grundkörper: Würfel mit der Kantenlänge 40 mm
Lage: Winkel α nach rechts
Aussparungen: oben: links und rechts ein Ausschnitt 10 x 10 über die ganze Tiefe des Würfels; unten: rechts vorne ein Ausschnitt 20 x 20 x 20

Aufgabe: Zeichne den Körper je einmal in Kabinett-Projektion, dimetrischer und isometrischer Darstellung!

Geg.: Text
Ges.: räumliche Darstellungen

1 : 1	**Zwischenstück** S235JR	**A**

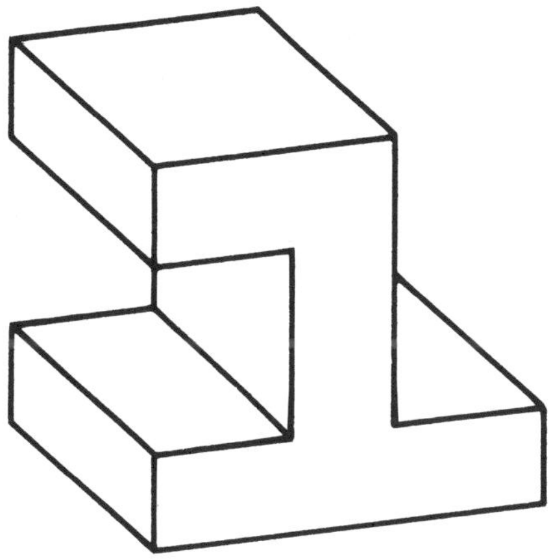

Aufgabe: Zeichne den Körper in dimetrischer Projektion! Wähle 4 verschiedene Lagen! Benutze die Maße des Schrägbildes!

Geg.: Schrägbild
Ges.: Dimetrie (4 Lagen)

1 : 1	**Profilstück** S235JR	**B**

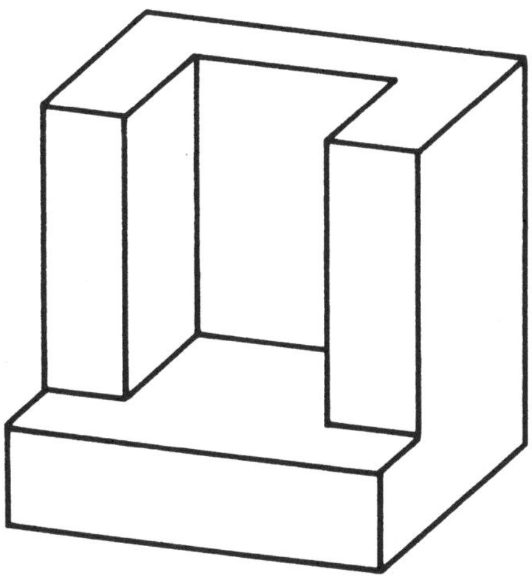

Aufgabe: Zeichne isometrische Projektionen des Körpers in 4 verschiedenen Lagen! Benutze die Maße des Schrägbildes!

Geg.: Schrägbild
Ges.: Isometrie (4 Lagen)

1 : 1	**Führungsklotz** S275J0	**C**

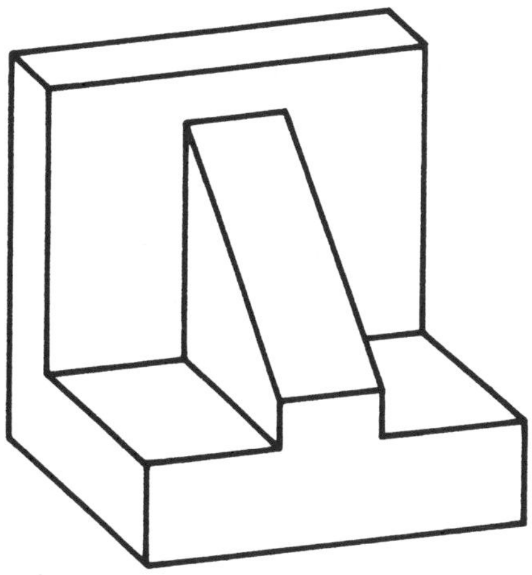

Aufgabe: Zeichne in beliebiger Darstellungsform 4 verschiedene Lagen des Körpers! Benutze die Maße des Schrägbildes!

Geg.: Schrägbild
Ges.: 4 verschiedene Lagen

1 : 1	**Stützteil** S235JR	**D**

Name	*Klasse*	*Datum*	*Maße in mm*	**13**

Darstellung in drei Ansichten

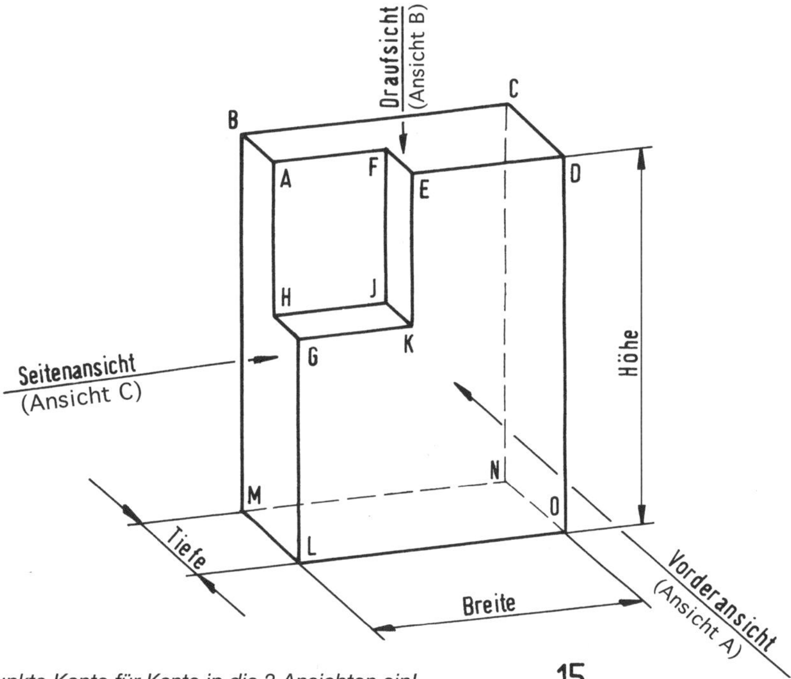

Trage die sichtbaren Eckpunkte Kante für Kante in die 3 Ansichten ein!

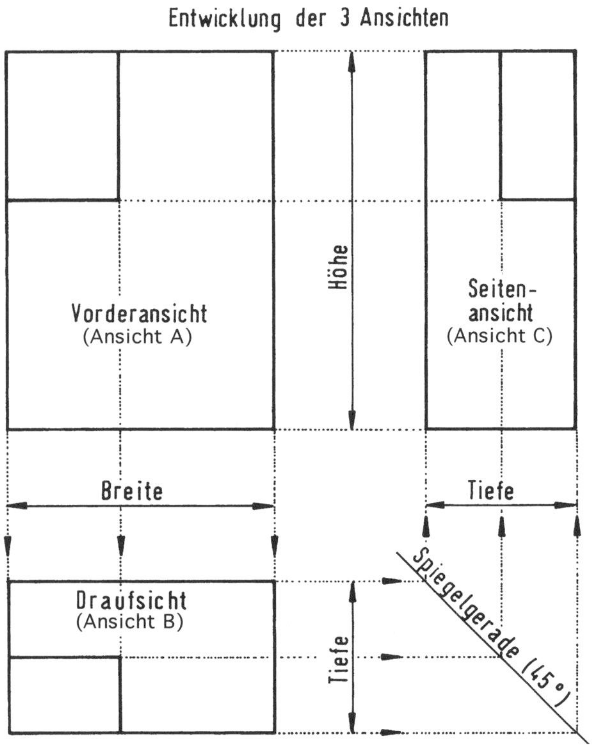

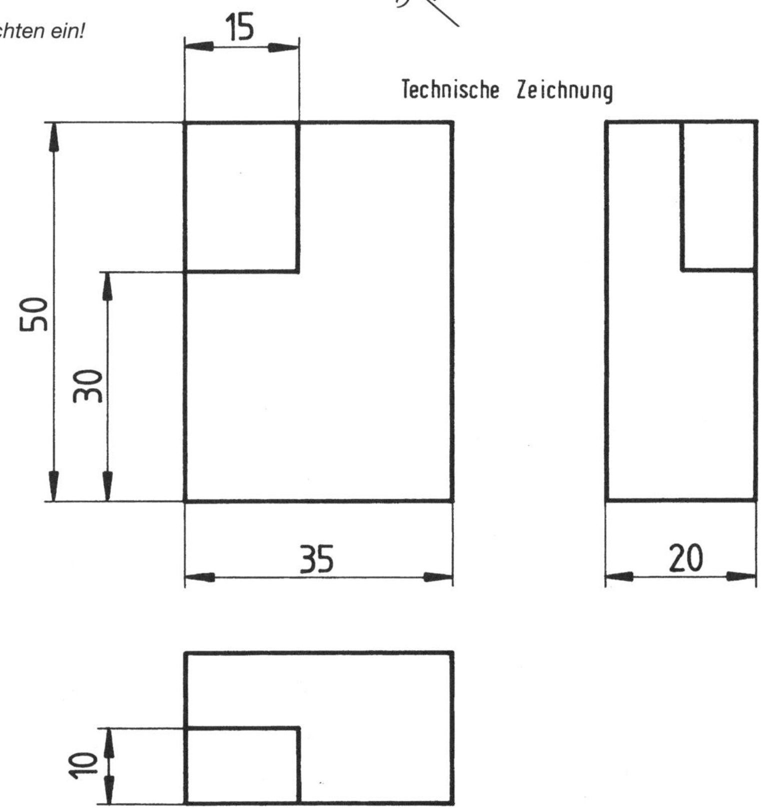

	Lage der Ansichten	Blickrichtung	Körperausdehnung		
			Breite (*b*)	Höhe (*h*)	Tiefe (*t*)
Ansicht A Vorderansicht					
Ansicht C Seitenansicht					
Ansicht B Draufsicht					

- Maßhilfslinien und Mittellinien dürfen nicht von einer Ansicht in eine andere durchgezogen werden!
- Maßhilfslinien für ein Maß dürfen nicht aus verschiedenen Ansichten herausgezogen werden!
- Jedes Maß ist nur einmal einzutragen!

Name	*Klasse*	*Datum*	*Maße in mm*	**14**

Darstellung in drei Ansichten

1. Rohteil

2. vorderer Absatz

3. linker Absatz

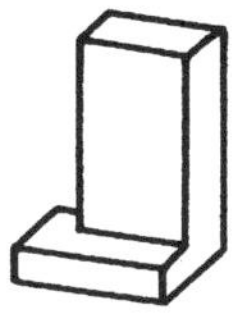

4. oberer Absatz

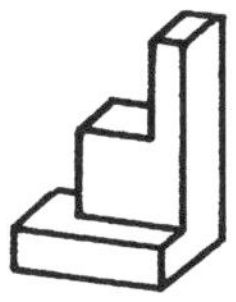

5. Bemaßung

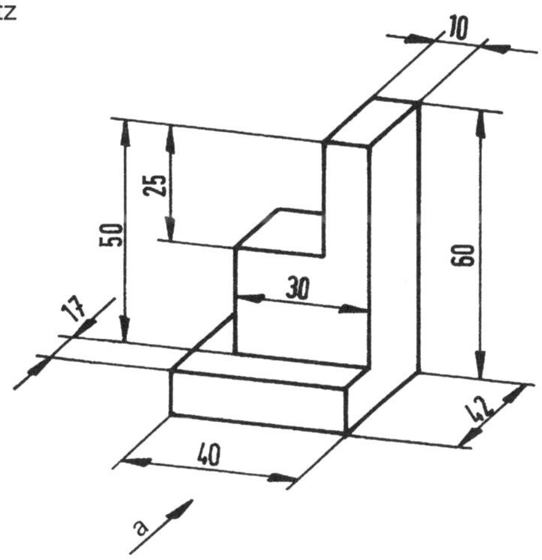

Entwickle den Körper schrittweise in jeweils drei Ansichten!

Geg.: Schrägbild
Ges.: Ansicht A (Vorderansicht), B (Draufsicht), C (Seitenans. v. links)

1 : 1	**Stufenblock** S235JR	**A**

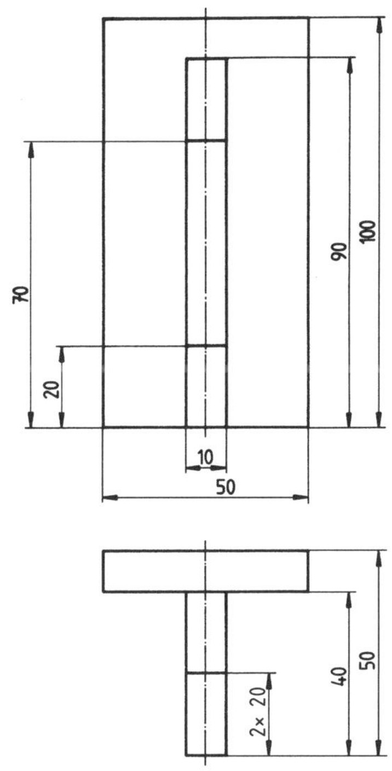

Geg.: Ansicht A (Vorderansicht), B (Draufsicht)
Ges.: Ansicht C (Seitenansicht von links), keine schrägen Flächen

1 : 1	**T-Stahl** S235JR	**B**

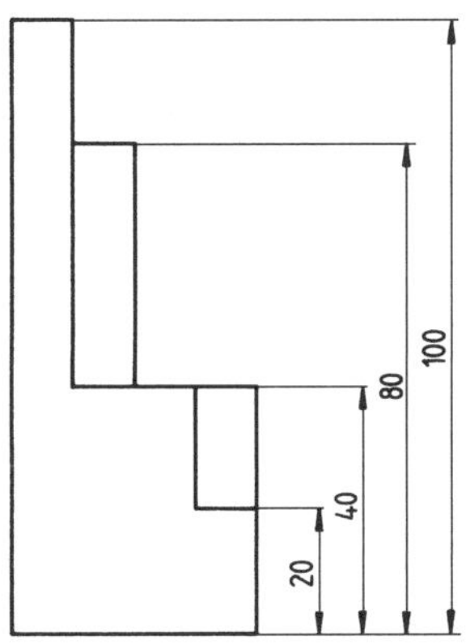

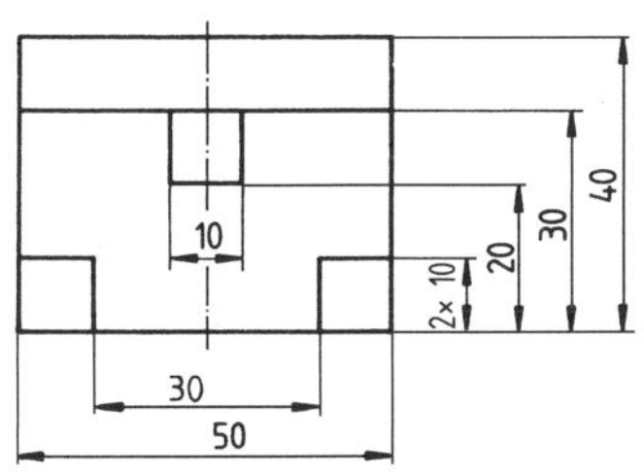

Geg.: Ansicht B (Draufsicht), C (Seitenansicht von links)
Ges.: Ansicht A (Vorderansicht)

1 : 1	**Passstück** S235JR	**C**

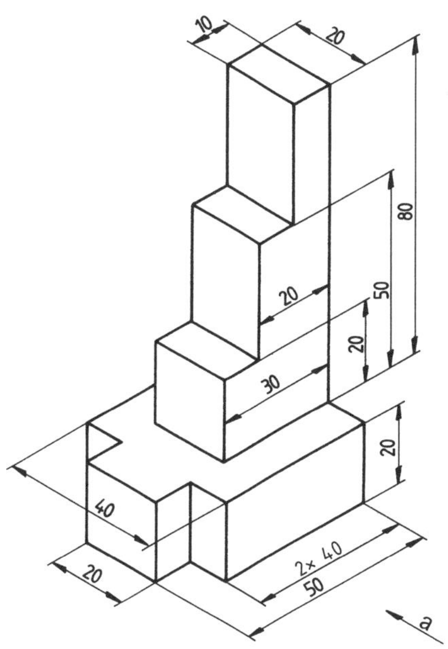

Bemaße nach Bezugskanten!

Geg.: Isometrie
Ges.: Ansicht A (Vorderans.), B (Draufs.), C (Seitenans. v. links)

1 : 1	**Führungsteil** S235JR	**D**

Name	*Klasse*	*Datum*	*Maße in mm*	**15**

Werkstücke mit verdeckten Kanten

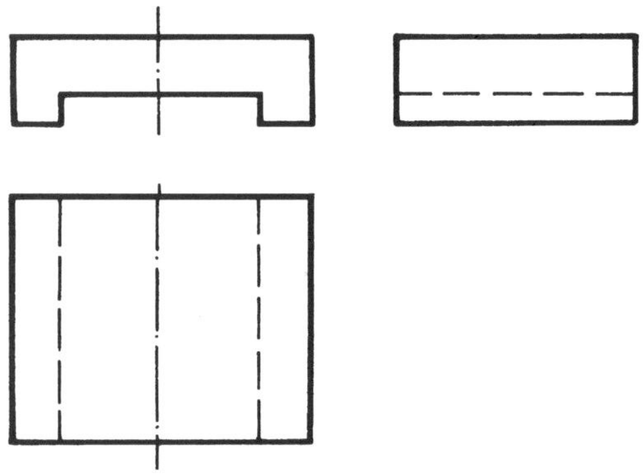

1. Verdeckte Kanten zeichnet man als ____________________ (Breite 5/10 der Volllinie). Die Länge der einzelnen Striche richtet sich nach der ____________________ der Zeichnung. Damit der Eindruck einer geschlossenen Linie entsteht, sind die Lücken ____________________ zu halten.

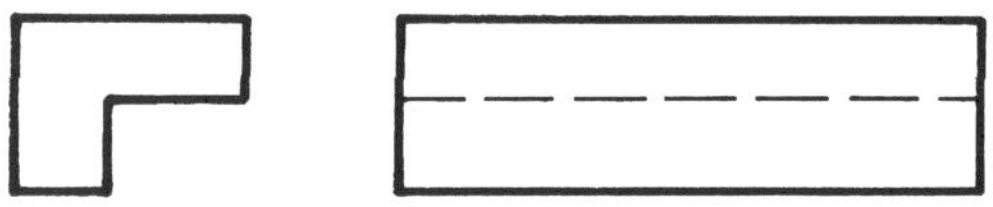

2. Strichlinien sollen an den Körperkanten mit einem ____________ anschließen.

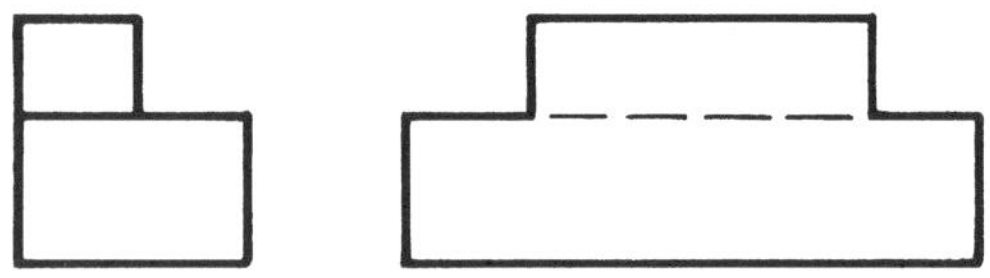

3. Beim Übergang einer sichtbaren in eine verdeckte Kante schließt die Strichlinie mit einer ____________________ an.

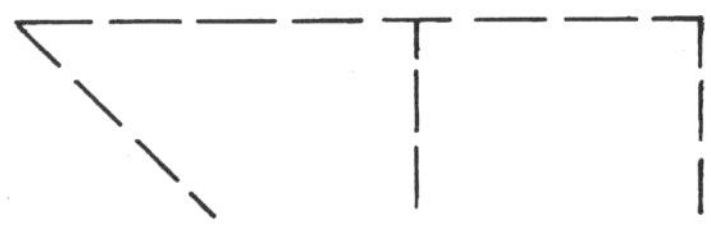

4. Strichlinien stoßen immer mit den ____________ aneinander. Sie bilden also volle ____________________.

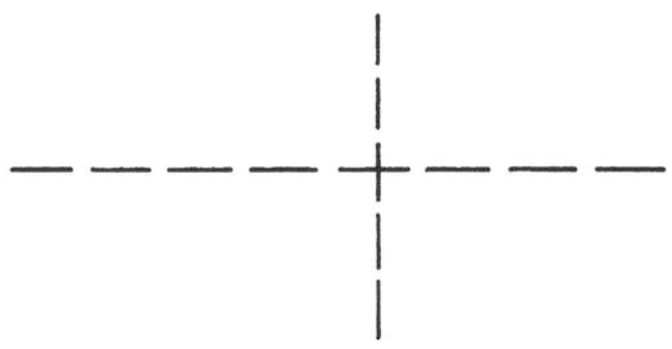

5. Schneiden sich verdeckte Kanten, dann ______________ sich die Striche.

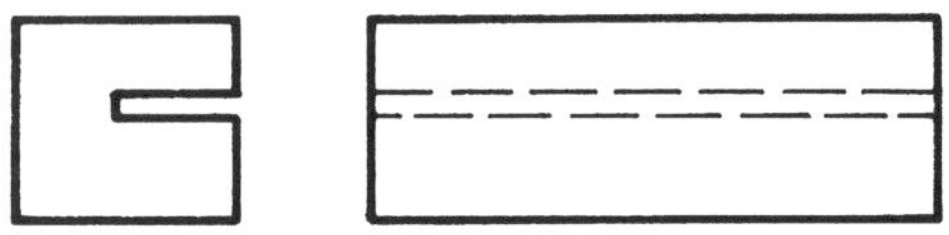

6. Parallel verlaufende Strichlinien mit ____________________ Abstand erhalten gegeneinander ____________________ Striche.

7. Fallen sichtbare und verdeckte Kanten zusammen, zeichnet man die ____________________ Kanten.

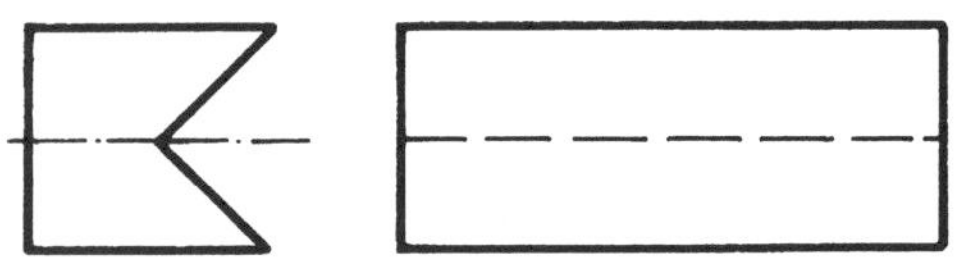

8. Fallen verdeckte Kanten und Mittellinien zusammen, so zeichnet man die ____________________ Kanten.

9. Verdeckte Kanten dürfen nur dann bemaßt werden, wenn die Bemaßung an sichtbaren Kanten ____________________ ist.

Name	Klasse	Datum	Maße in mm	16

Werkstücke mit verdeckten Kanten

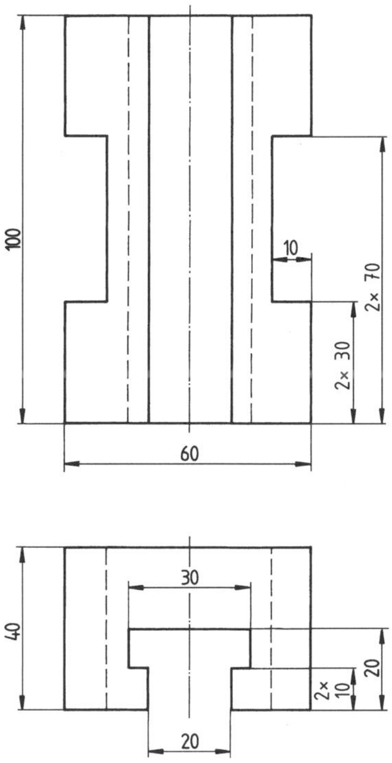

Geg.: Ansicht A (Vorderansicht), B (Draufsicht)
Ges.: Ansicht C (Seitenansicht von links)

1 : 1	**Führungsschiene** S235JR	**A**

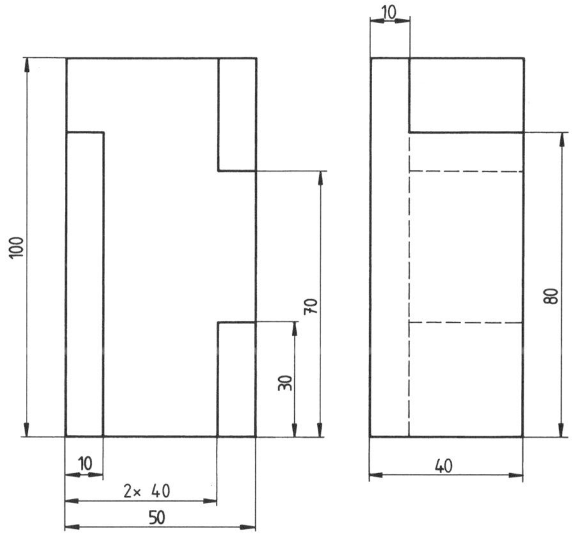

Geg.: Ansicht A (Vorderansicht), C (Seitenansicht von links)
Ges.: Ansicht B (Draufsicht)

1 : 1	**Vorrichtung** S235JR	**B**

Hauptmaße: 8 x 6 x 16

Lage des Werkstückes:
In der Ansicht A senkrecht aufgerichtet, 8 mm breit.

Arbeitsschritte:

a) 4 mm von der unteren Kante wird ein waagrecht liegender Durchbruch von 2 mm Höhe und 4 mm Breite eingearbeitet.

b) Von oben wird in der Werkstückmitte ein Einschnitt von 2 mm Breite und 5 mm Höhe ausgefräst.

c) In der Mitte der rechten und linken Schmalseite ist eine senkrecht durchlaufende Nut von 1 mm Tiefe und 2 mm Breite einzufräsen.

Geg.: Text
Ges.: Ansicht A (Vorderansicht), B (Draufsicht), C (Seitenans. v. li.)

5 : 1	**Flachstahl mit Nuten** S275JR	**C**

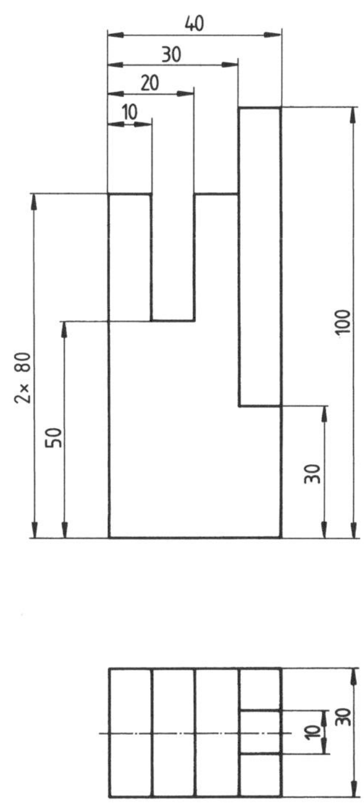

Geg.: Ansicht A (Vorderansicht), B (Draufsicht)
Ges.: Ansicht C (Seitenansicht von links)

1 : 1	**Spannblock** EN AW-5754	**D**

Name	*Klasse*	*Datum*	*Maße in mm*	**17**

Werkstücke mit schrägen Flächen

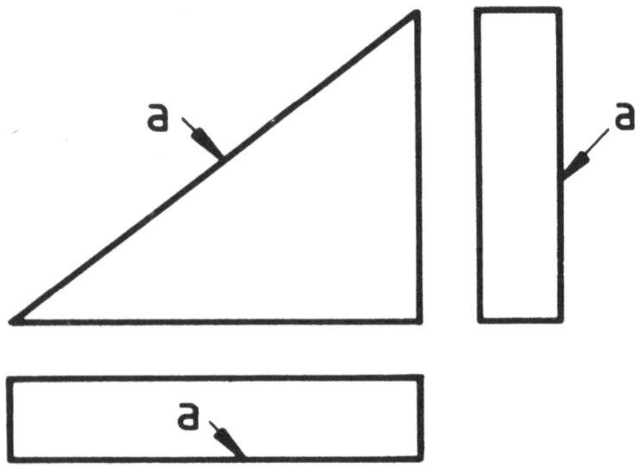

Miss die Kantenlänge a!

Ergebnis: Die Kante a ist in der Vorderansicht ______________, in der Seitenansicht __________, in der Draufsicht __________ lang. Sie erscheint also in Seitenansicht und Draufsicht ________ ______________.

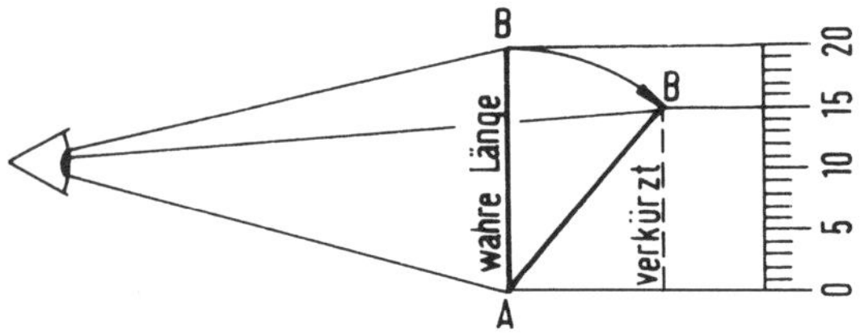

1. Die Kante erscheint verkürzt, wenn ihre Endpunkte ________ den ______________ Abstand vom Auge haben.

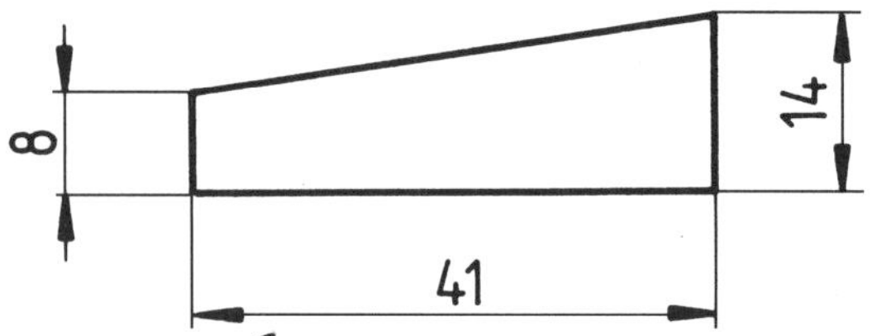

2. Die Neigung einer schrägen Kante ist bestimmt, wenn ihre ____________________ durch Maße festgelegt sind.

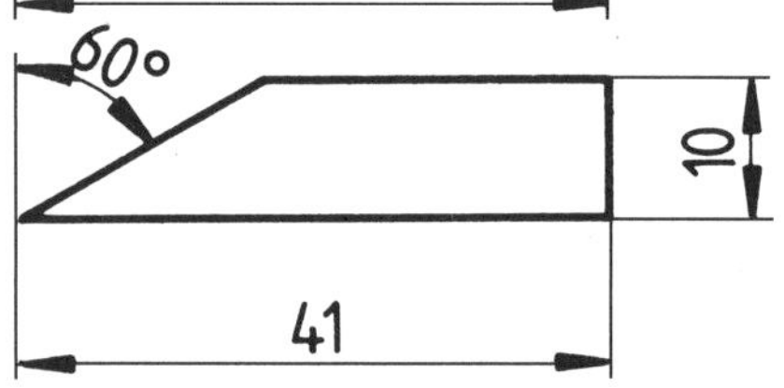

3. Die Neigung kann auch durch ________________ bemaßt werden.

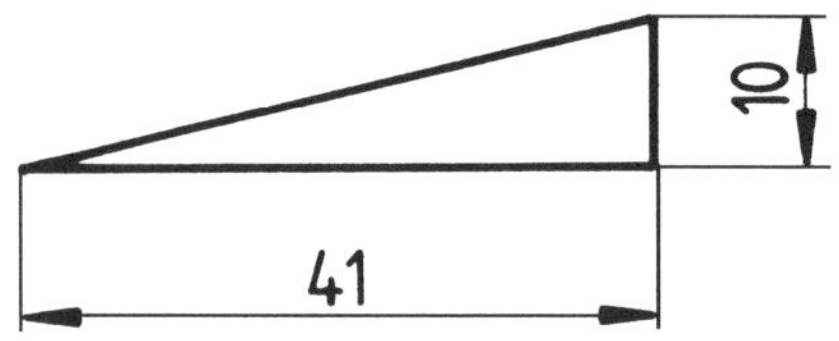

4. Die ________________ schräger Kanten wird in der Regel nicht bemaßt.

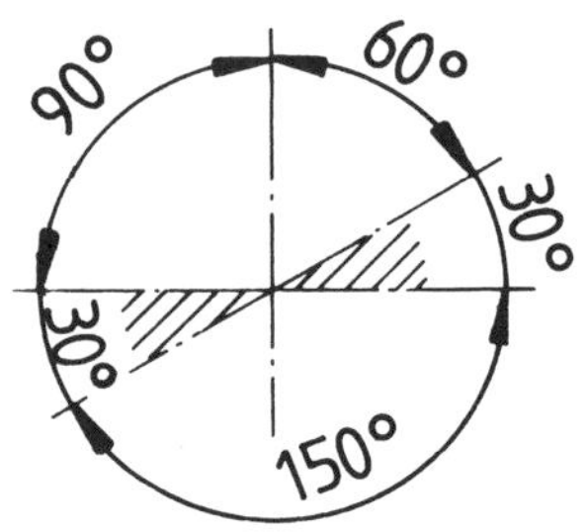

5. Bei Winkelmaßen ist die Maßlinie ein ________________, der um den ________________ des Winkels geschlagen ist.

   In dem schraffierten Bereich, etwa ________, soll möglichst nicht bemaßt werden. Lässt sich dies nicht vermeiden, so müssen die Maße von ______________ lesbar sein.

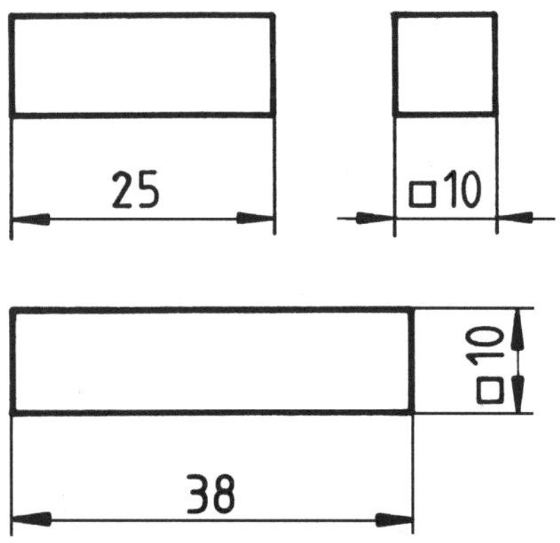

6. Quadratische Formen werden vorzugsweise in der Ansicht bemaßt, in der ______________________ erkennbar ist.
   In jedem Falle wird das ______________________ (7/10 der Maßzahl!) __________ die Maßzahl gesetzt.

Name	*Klasse*	*Datum*	*Maße in mm*	**18**

Werkstücke mit schrägen Flächen

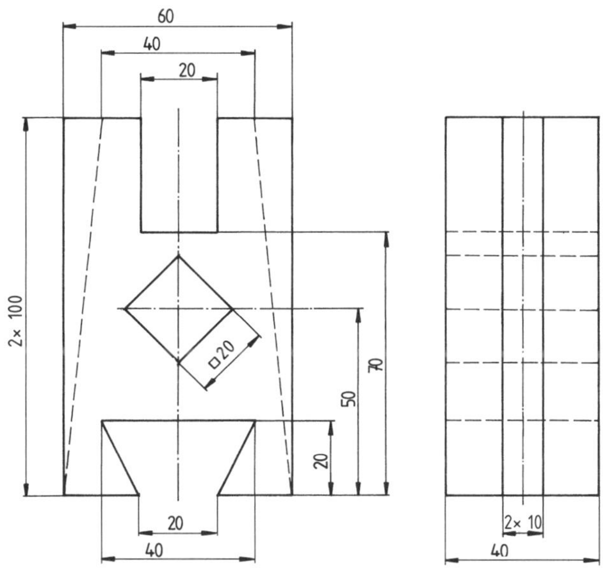

Geg.: Ansicht A (Vorderansicht), C (Seitenansicht von links)
Ges.: Ansicht B (Draufsicht)

1 : 1	**Passstück** EN AW-5754	**A**

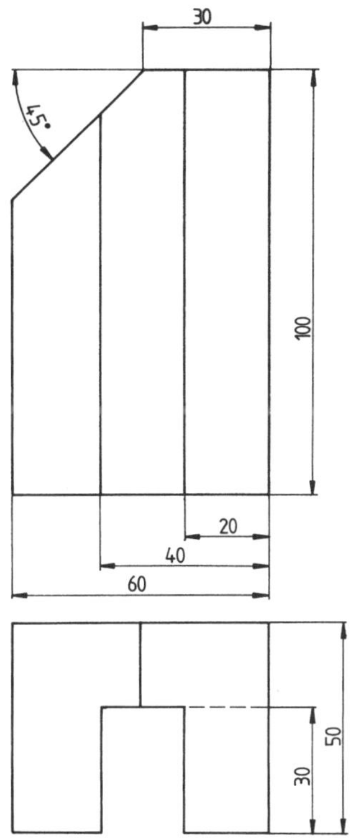

Geg.: Ansicht A (Vorderansicht), B (Draufsicht)
Ges.: Ansicht C (Seitenansicht von links)

1 : 1	**Führung** S235JR	**B**

Hauptmaße: 60 x 40 x 100

Lage des Werkstücks:

In der Ansicht A (Vorderansicht) stehend, 60 breit

Arbeitsschritte:

a) 85 mm von der unteren Kante erfolgt links und rechts eine Abschrägung unter 45°.

b) Die obere Hälfte wird von vorne bis auf 20 mm Tiefe abgefräst.

c) In der unteren Hälfte wird der Körper vorne von der Mitte aus nach links unter 30°, nach rechts unter 45° abgeschrägt.

Geg.: Text
Ges.: Ansicht A (Vorderansicht), B (Draufsicht), C (Seitenans. v. links)

1 : 1	**Prisma mit Abschrägungen** C22	**C**

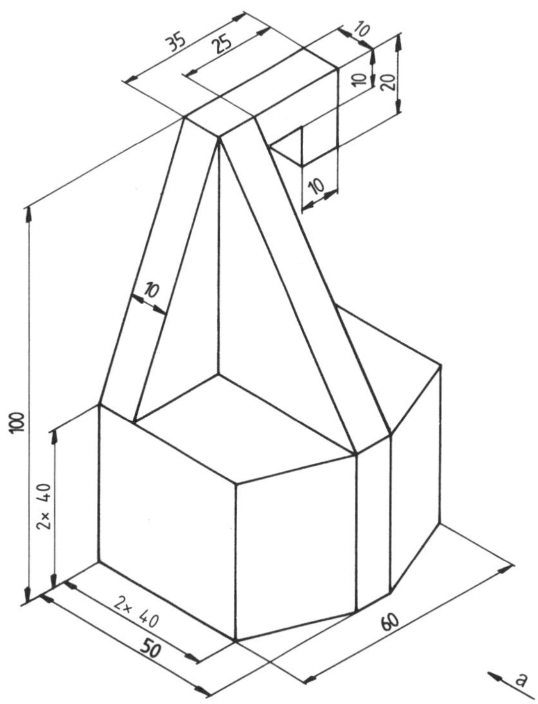

Geg.: Schrägbild
Ges.: Ansicht A (Vorderansicht), B (Draufsicht), C (Seitenans. v. links)

1 : 1	**Konsole** S235JR	**D**

Name	*Klasse*	*Datum*	*Maße in mm*	**19**

Zylindrische Werkstücke

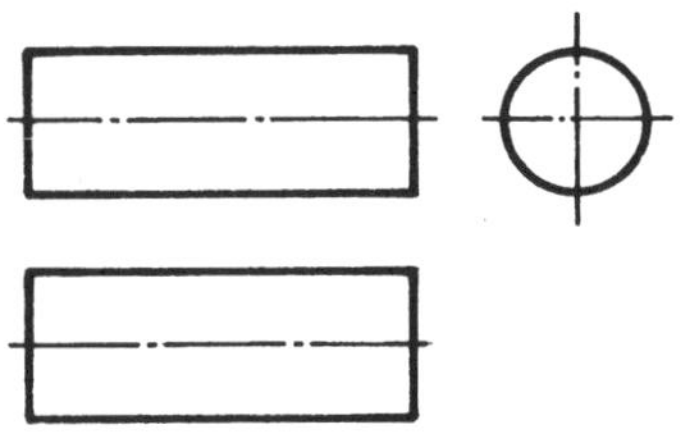

1. Bei der Darstellung eines Zylinders und anderer symmetrischer Werkstücke ist immer von der ______________________ auszugehen.

2. Einfache Werkstücke zeichnet man häufig nur in der ________ ______________________.

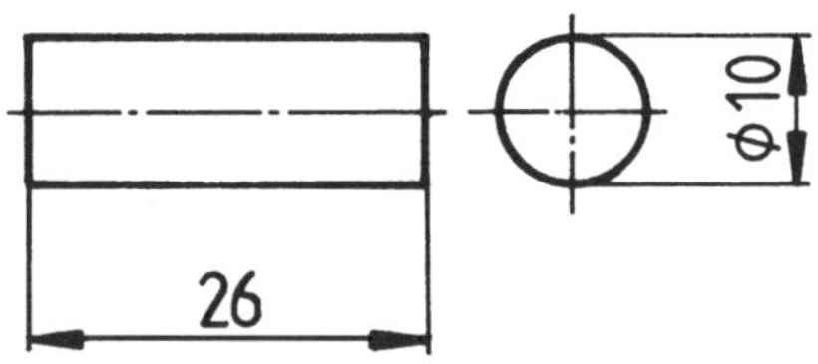

3. Kreisflächen werden nach Möglichkeit in der Ansicht bemaßt, in welcher sie als ____________________ sichtbar sind.

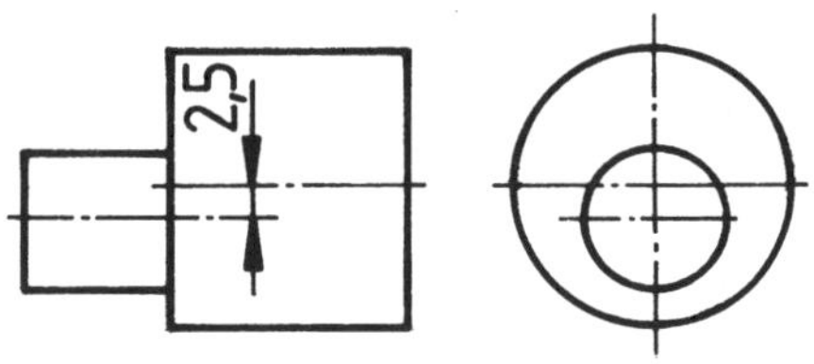

4. Exzenter sind durch den __________________ der Mittellinien anzugeben.

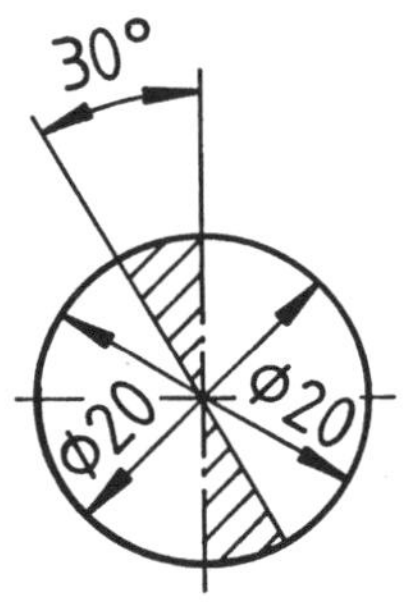

5. In den schraffierten Feldern soll nach Möglichkeit ____________ Durchmessermaß eingetragen werden. Lässt sich dies nicht vermeiden, so muss die Maßzahl (ähnlich wie bei Winkelangaben) von ______________ lesbar sein.

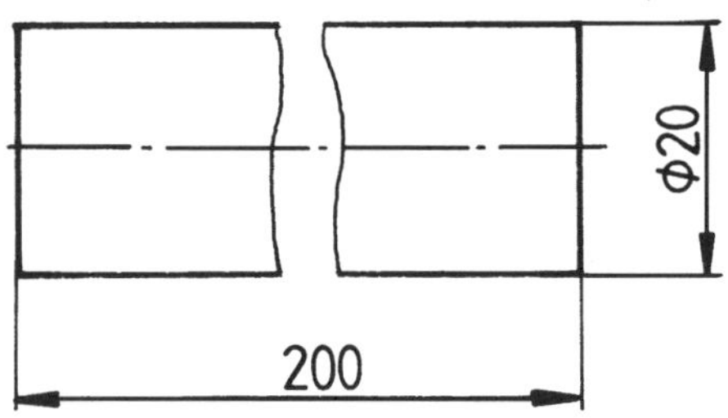

6. Einfache ________________________ Werkstücke werden durch ____________________________ verkürzt dargestellt. Dabei ist das ___________________________ Maß des Werkstücks einzutragen. Bruchlinien sind ________________________ als schmale Volllinien zu ziehen.

Name	Klasse	Datum	Maße in mm	20

Zylindrische Werkstücke

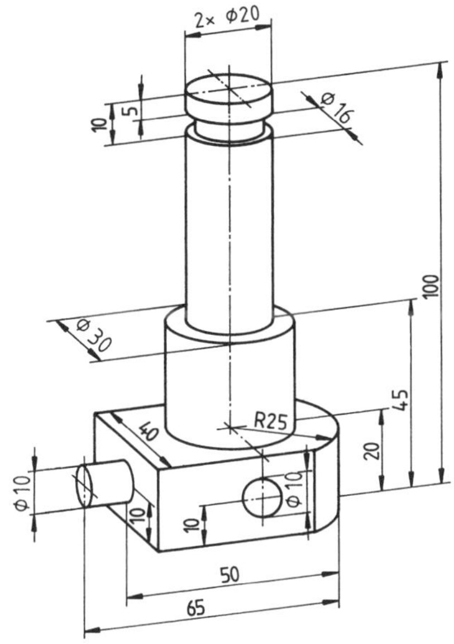

Geg.: Schrägbild
Ges.: Ansicht A (Vorderansicht), B (Draufsicht), C (Seitenans. v. links)

1 : 1	**Kloben** S235JR	**A**

Hauptmaße: Ø 70 x 227

Lage des Werkstücks:

In der Ansicht A waagerecht

Arbeitsschritte:

a) von rechts 180 lang auf Ø 40 abdrehen;
b) von rechts Zapfen 17 lang auf Ø 28 absetzen;
c) von links 25 lang auf Ø 50 abdrehen;
d) links Exzenter absetzen: Achsabstand 14, Ø 16, 17 lang, Übergang R = 3

Alle anderen Übergänge sind mit Radien R = 5 versehen.

Bemaße die Übergangsradien R = 5 nicht einzeln, sondern schreibe in die untere Hälfte des Blattes: Für alle nicht bemaßten Rundungen beträgt R = 5.

Geg.: Text
Ges.: Ansicht A (Vorderansicht), C (Seitenansicht von links)

1 : 1	**Exzenterwelle** 16MnCr5	**B**

Hinweis (Bedeutung der Kreise): Oben Zapfen, Mitte Bohrung, unten Zapfen mit Bohrung.

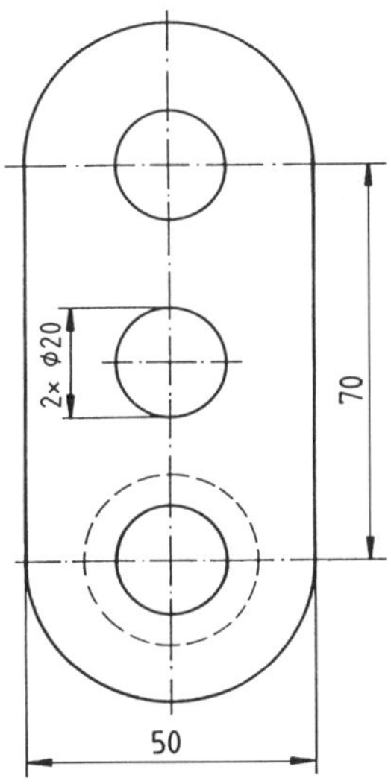

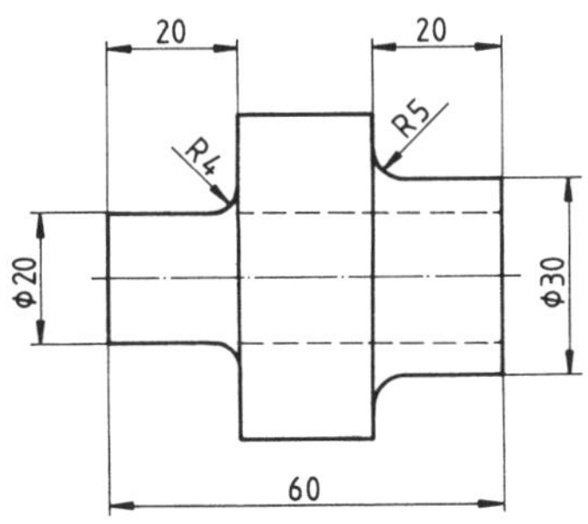

Geg.: Ansicht B (Draufsicht), C (Seitenansicht von links)
Ges.: Ansicht A (Vorderansicht)

1 : 1	**Kurbelschwinge** EN-GJL-200	**C**

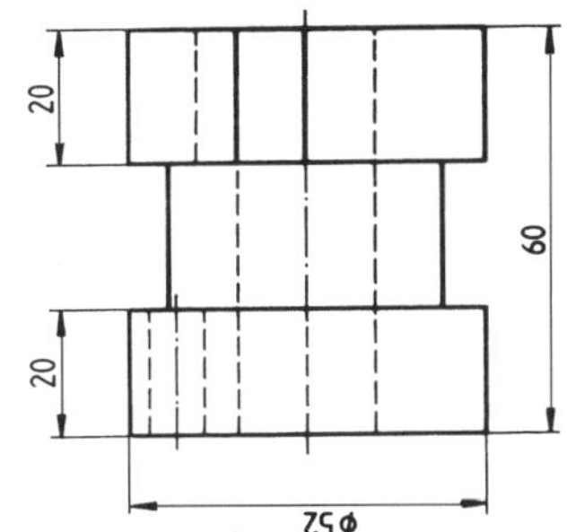

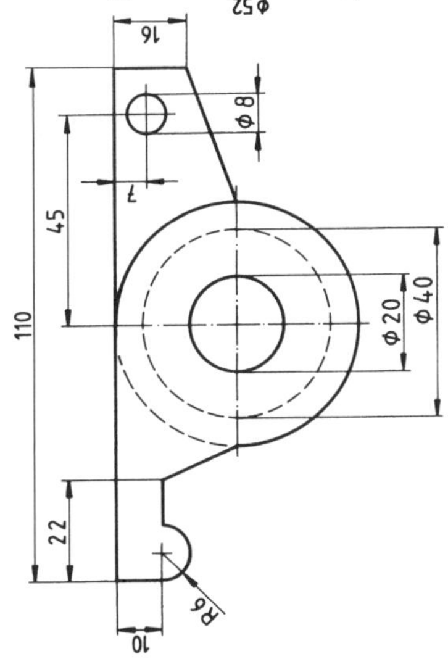

Geg.: Ansicht A (Vorderansicht), C (Seitenansicht von links)
Ges.: Ansicht B (Draufsicht)

1 : 1	**Kipphebel** EN-GJL-300	**D**

Name	Klasse	Datum	Maße in mm	21

Zylinderschnitte parallel zur Drehachse

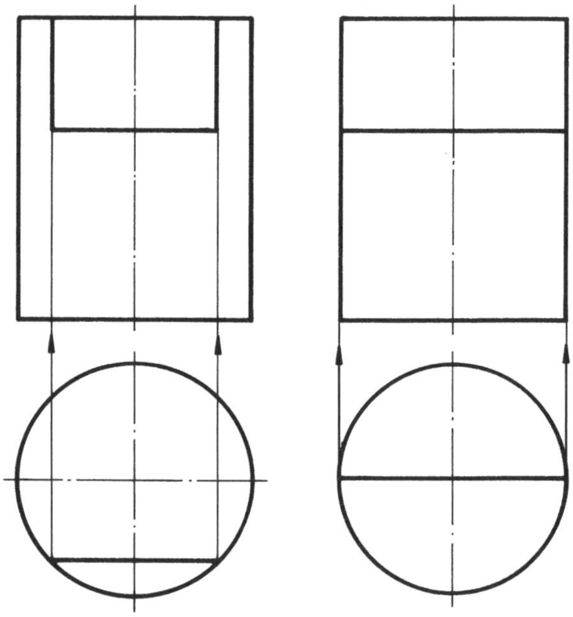

1. Wird ein Rundkörper parallel zur Drehachse geschnitten, so entstehen ______________________.

   Die Begrenzungslinie läuft nur dann ganz um, wenn sich die Abflachung über den ganzen ______________________ erstreckt.

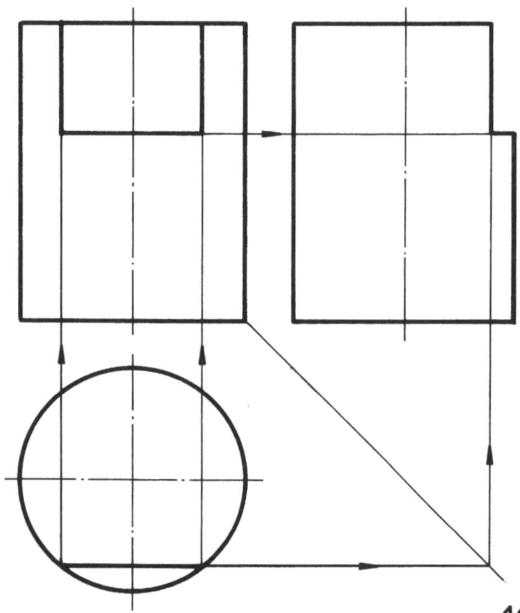

2. Ist die Abflachung in der Vorderansicht als ______________ sichtbar, so ______________ in der Seitenansicht die Körperkanten ________.

   Konstruiere die Seitenansicht!

3. Auch bei ____________ und ______________ ist auf das Zurückspringen der Kanten zu achten.

   Zurückspringende Kanten werden ________ bemaßt, da sie sich bei der Bearbeitung ________ ______________ ergeben.

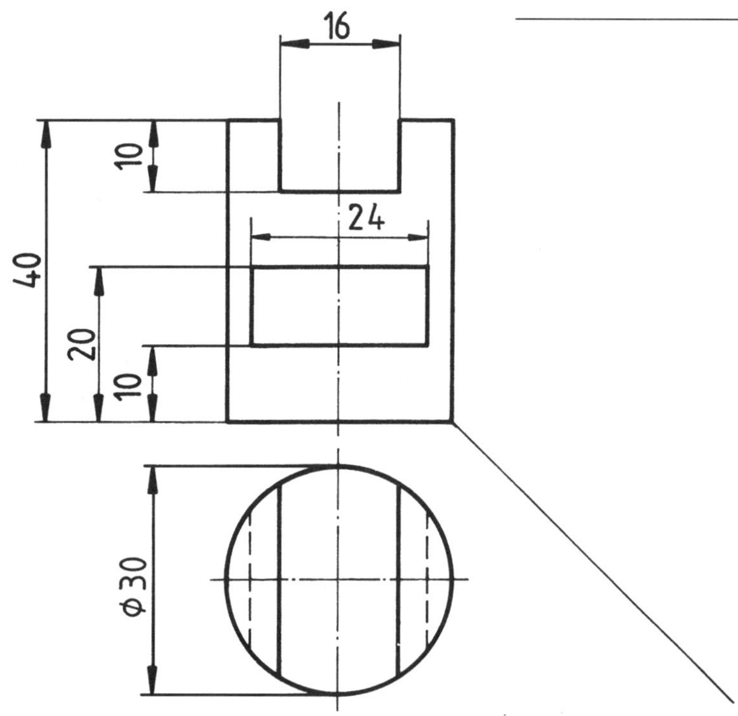

Zylinderschnitte parallel zur Drehachse

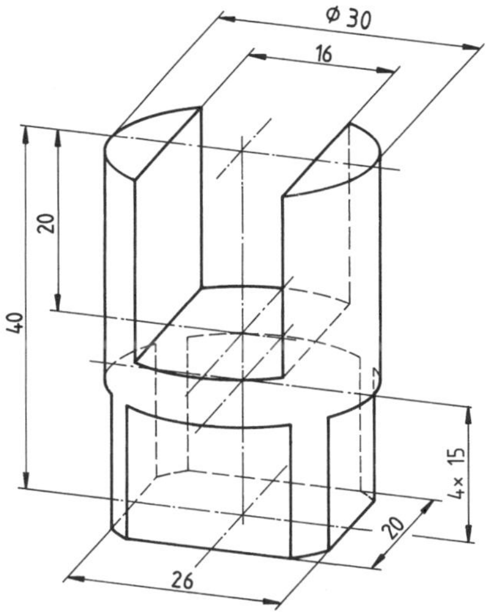

Geg.: Dimetrie
Ges.: Ansicht A (Vorderansicht), B (Draufsicht), C (Seitenans. v. links)

2 : 1	**Passstück** C15	**A**

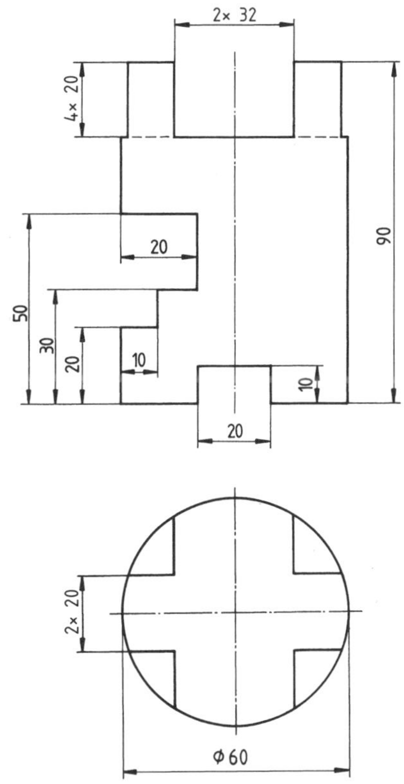

Geg.: Ansicht A (Vorderansicht), B (Draufsicht) unvollständig
Ges.: Ansicht A (Vorderansicht), B (Draufsicht), C (Seitenans. v. links)

1 : 1	**Schaltwelle** S275JR	**B**

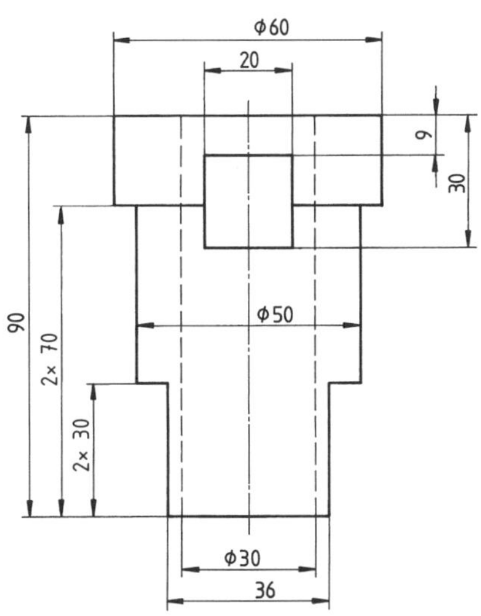

Geg.: Ansicht A (Vorderansicht)
Ges.: Ansicht B (Draufsicht), C (Seitenans. v. links)

1 : 1	**Kupplungsstück** E295	**C**

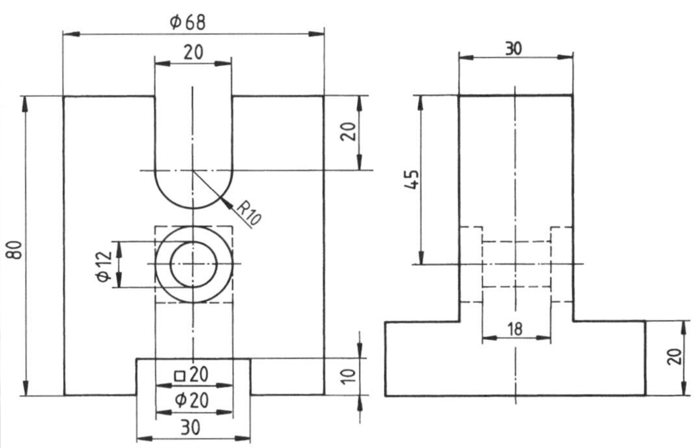

Geg.: Ansicht A (Vorderans.), C (Seitenans. v. links) unvollständig
Ges.: Ansicht A (Vorderansicht), B (Draufsicht), C (Seitenans. v. links)

1 : 1	**Gelenkstück** S235JR	**D**

Name	Klasse	Datum	Maße in mm	23

Zylinderschnitte schräg zur Drehachse

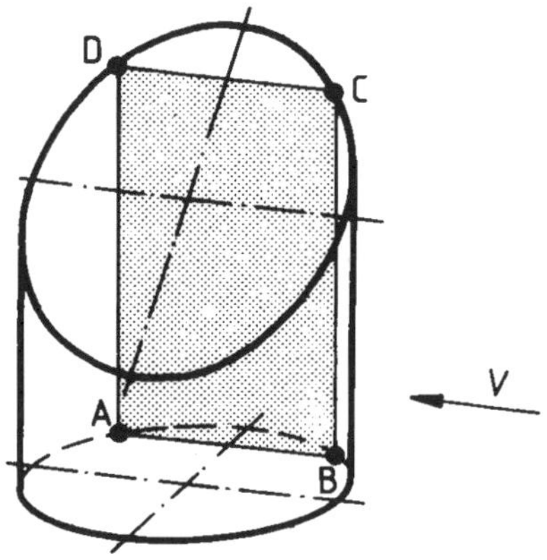

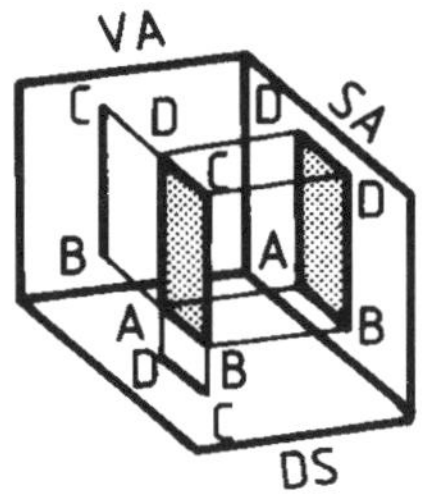

Zur Konstruktion der Schnittfläche legt man durch den Zylinder parallele Hilfsschnitte (Rechteck A B C D).

Die Schnittfläche A B C D liegt parallel zur ______________ ______________________________.

Sie erscheint in Vorderansicht und Draufsicht als ______________, in der Seitenansicht als ______________.

Der Hilfsschnitt könnte auch parallel zu einer anderen Ansicht liegen. Parallel zur Draufsicht ergäbe sich als Schnittfläche ein ________________________, parallel zur Vorderansicht ein ________________.

Hilfsschnitte legt man immer parallel zu der gesuchten Ansicht.

1. *Lege weitere parallele Hilfsschnitte in Pfeilrichtung und konstruiere aus den entsprechenden Flächen in der Seitenansicht die Ellipse!*
   Beachte: Ein Zylinderschnitt, der den Zylinder nur berührt, erzeugt eine Strecke. Ohne besondere Hilfsschnitte können alle Schnittpunkte der Mittellinien mit der Körperkante gezeichnet werden. Konstruiere immer zuerst diese Punkte!
2. *Konstruiere die wahre Größe der Schnittfläche!*

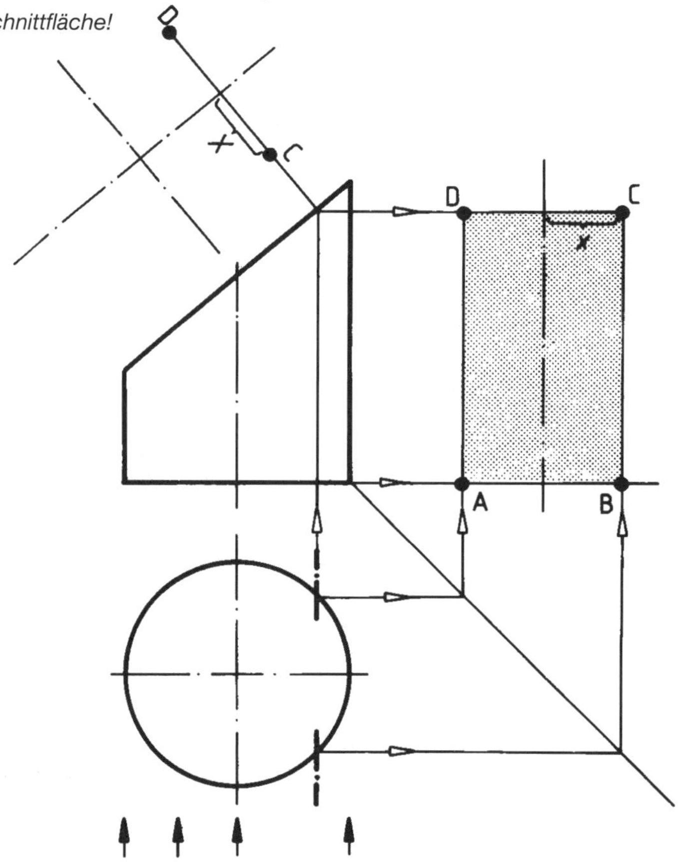

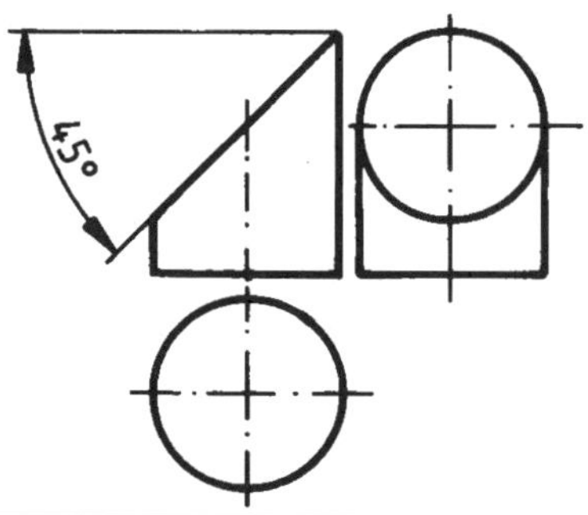

Wird ein Zylinder in einer Ansicht unter 45° geschnitten, sodass die Schnittfläche als Strecke erscheint, dann ist die Schnittfläche in der anderen Ansicht ein ________________.

Name	*Klasse*	*Datum*	*Maße in mm*	**24**

Zylinderschnitte schräg zur Drehachse

Grundkörper: Ø 6, 11 lang

Lage: In der Ansicht A waagerecht liegend

Arbeitsschritte:

In der Ansicht A ist der Körper

a) rechts von der Mitte aus nach oben unter 45° und

b) links nach oben und unten unter 20° so abgeschrägt, dass symmetrisch zur Mittellinie eine Stirnfläche von 2 mm Höhe stehen bleibt.

Geg.: Text
Ges.: Ansicht A (Vorderansicht), B (Draufsicht), C (Seitenans. v. links)

10 : 1	**Sperrstift E295**	**A**

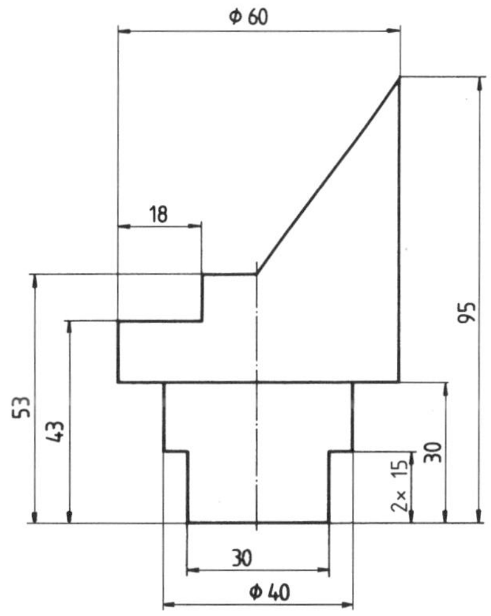

Geg.: Ansicht A (Vorderansicht)
Ges.: Ansicht C (Seitenansicht von links), B (Draufsicht)

1 : 1	**Stempel 25CrMo4**	**B**

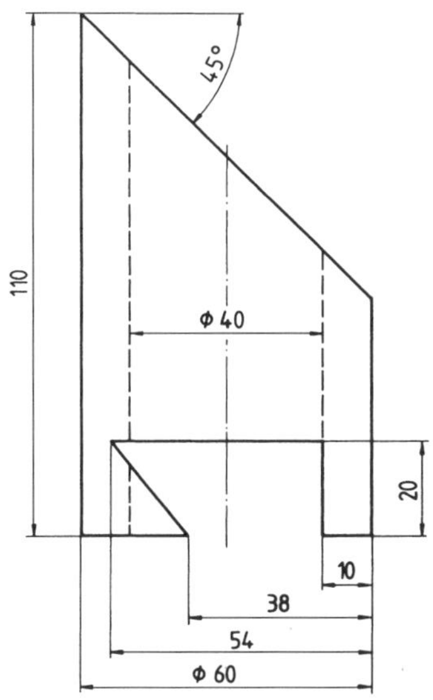

Geg.: Ansicht C (Seitenansicht von links)
Ges.: Ansicht A (Vorderansicht), B (Draufsicht)

1 : 1	**Einsatzrohr C35**	**C**

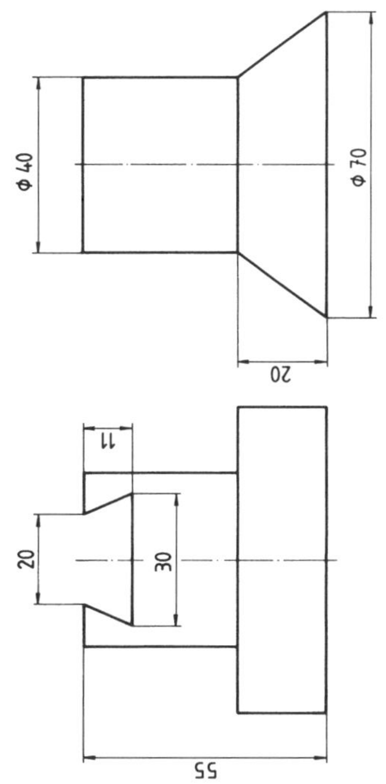

Geg.: Ansicht A (Vorderans.), C (Seitenans. v. links) unvollständig
Ges.: Ansicht A (Vorderansicht), B (Draufsicht), C (Seitenans. v. links)

1 : 1	**Spannzylinder 16MnCr5**	**D**

Name	*Klasse*	*Datum*	*Maße in mm*	**25**

Schnitt

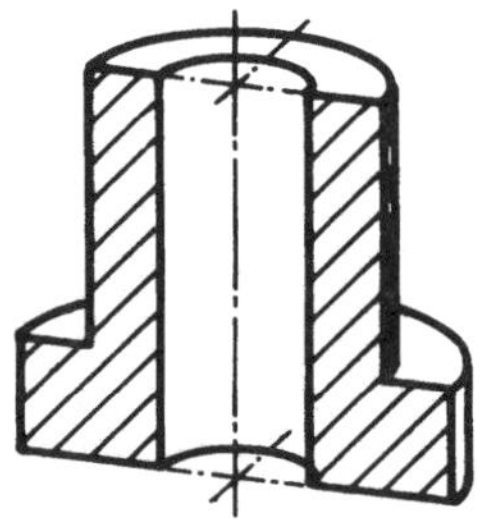

1. ______________ werden durch Schnitte sichtbar gemacht, die entlang der ______ ______________ verlaufen.
Man denkt sich dabei die ______________ Hälfte des Werkstücks weggeschnitten.

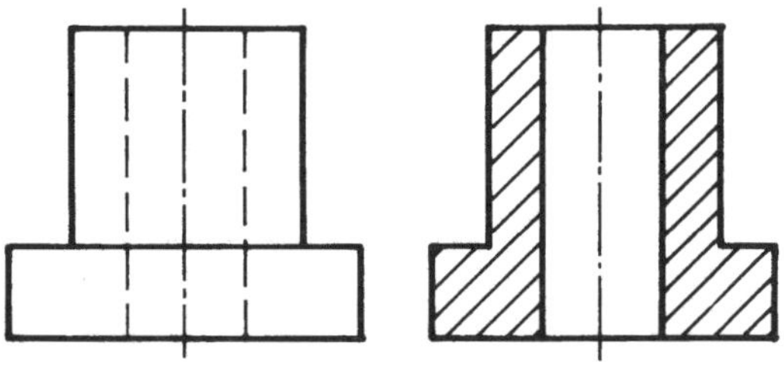

Nur die ______________ (nicht die Hohlräume) werden schraffiert.

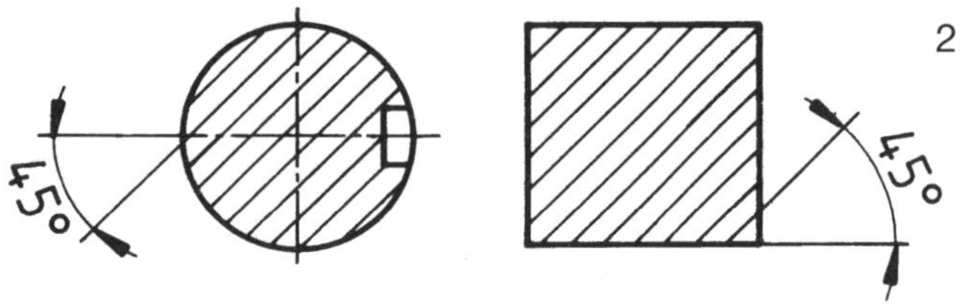

2. Die Schraffurlinien sind ______________ die unter dem Winkel von ________ zur Mittellinie oder zur Grundkante geneigt sind.

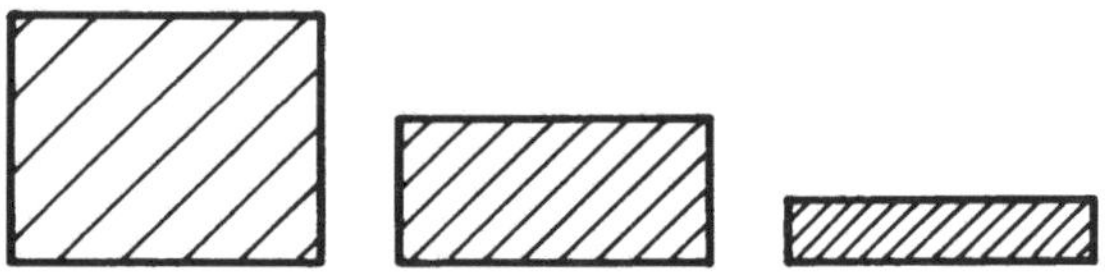

3. Je kleiner die Schnittfläche, desto ______________ ist der Abstand der Schraffurlinien.

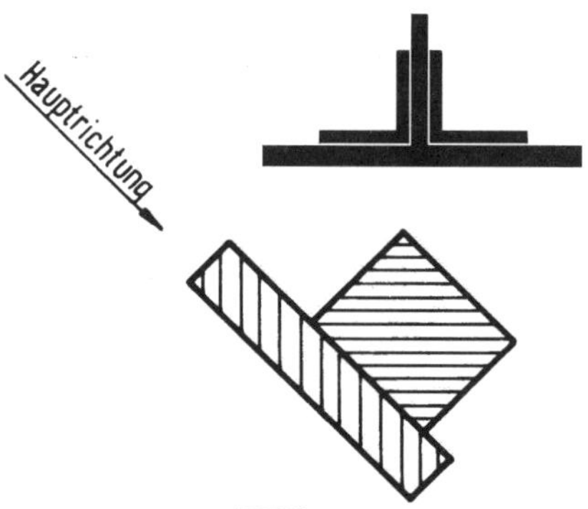

4. Ganz schmale Flächen (z. B. Profilquerschnitte) werden ______________.
Geschwärzte Flächen, die aneinanderstoßen ________ man durch eine Fuge.

5. Schräg liegende Schnittflächen schraffiert man unter 45° zur ______________.

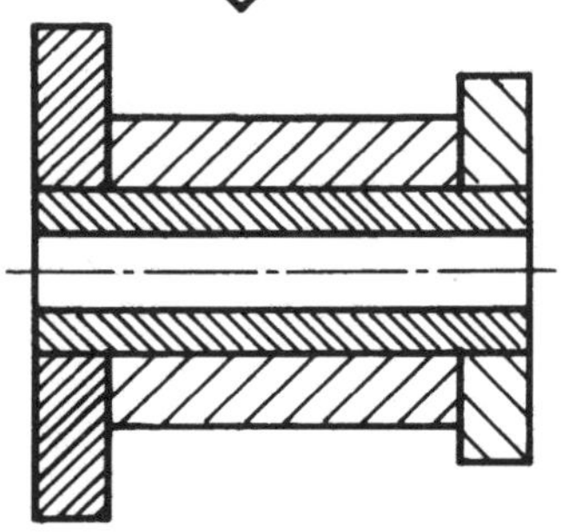

6. Zusammengesetzte Werkstücke werden durch ________ ______________ oder ______________ Schraffur gekennzeichnet.
Schnittflächen e i n e s Körpers erhalten immer ________ ______________ Schraffur.

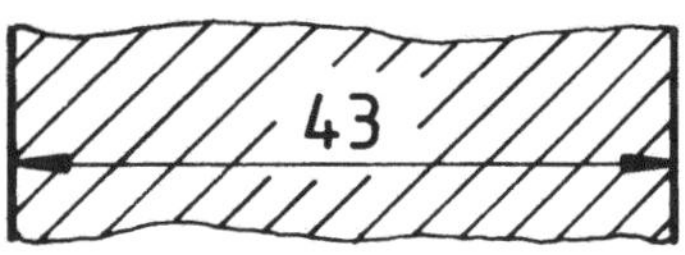

7. Zum Einsetzen von Maßzahlen muss die Schraffur ____ ______________ werden.

8. Durch Schnittflächen laufen keine ______________ Kanten. ______________ Kanten sind in Schnittdarstellungen möglichst zu vermeiden.

Name	Klasse	Datum	Maße in mm	26

Schnitt

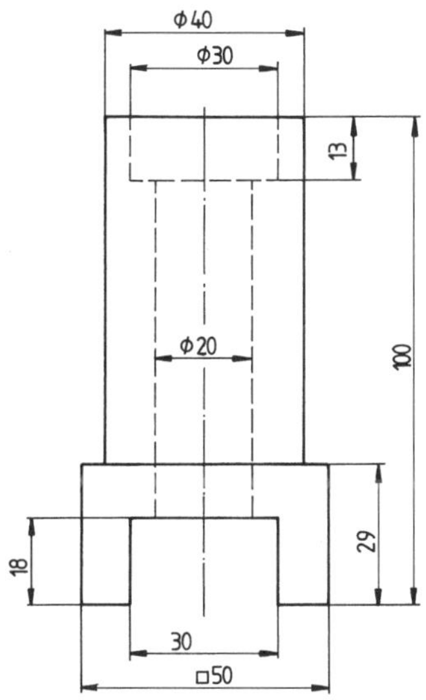

Geg.: Ansicht A (Vorderansicht)
Ges.: Ansicht A (Vorderans.) u. C (Seitenans. v. li.) im Schnitt, B (DS)

1 : 1	**Klaue** 15Cr3	**A**

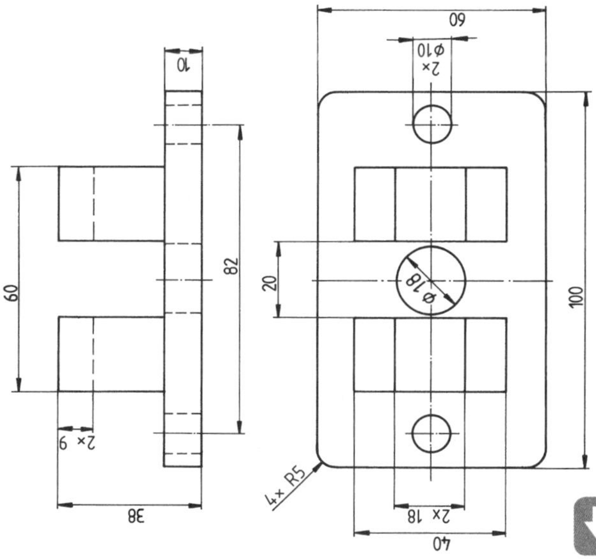

Geg.: Ansicht A (Vorderansicht), B (Draufsicht)
Ges.: Ansicht A (Vorderansicht) und C (Seitenans. v. links) im Schnitt

1 : 1	**Vorrichtung** S235JR	**B**

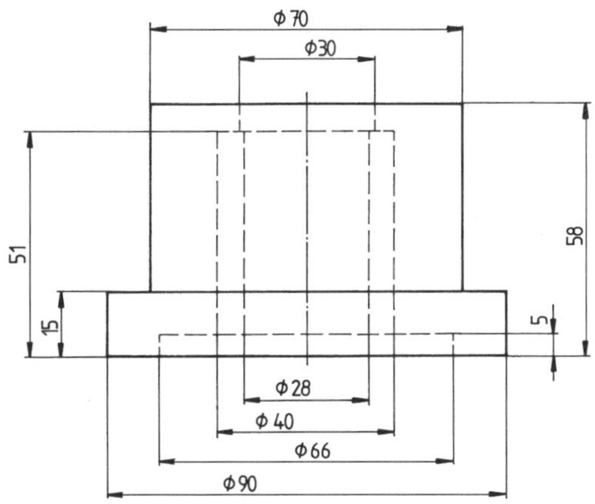

Geg.: Ansicht A (Vorderansicht)
Ges.: Ansicht A (Vorderansicht) im Schnitt, B (Draufsicht)

1 : 1	**Lager mit Buchse** EN-GJL-200 CuSn12Pb	**C**

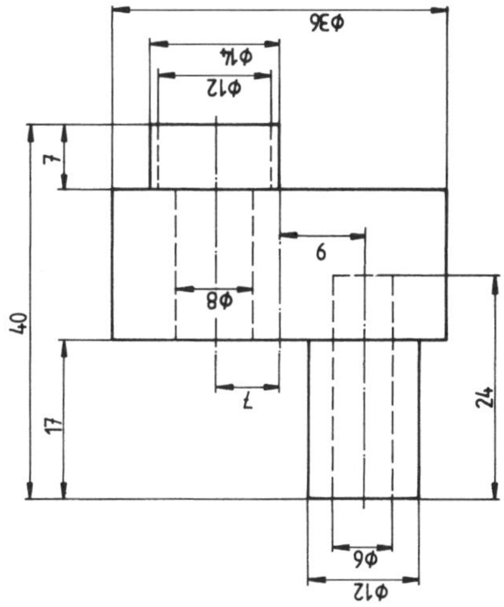

Geg.: Ansicht A (Vorderansicht)
Ges.: Ansicht A (Vorderansicht) im Schnitt, C (Seitenansicht von links)

2 : 1	**Exzenter** S275JR	**D**

Name	Klasse	Datum	Maße in mm	27

Halbschnitt - Teilschnitt

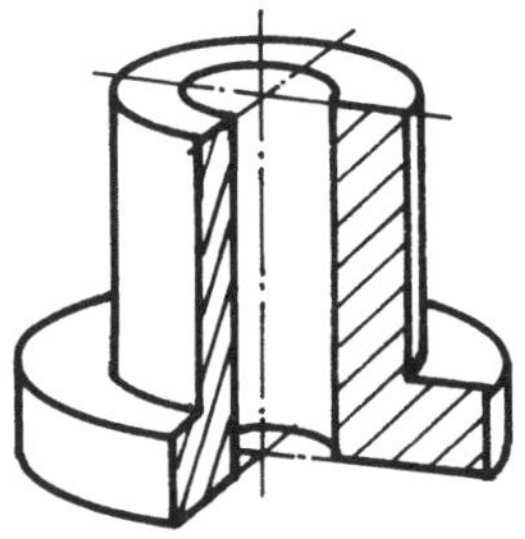

1. Halbschnitte zeigen nur ____________________ des Werkstücks im Schnitt. Die andere Hälfte erscheint in der ________________.

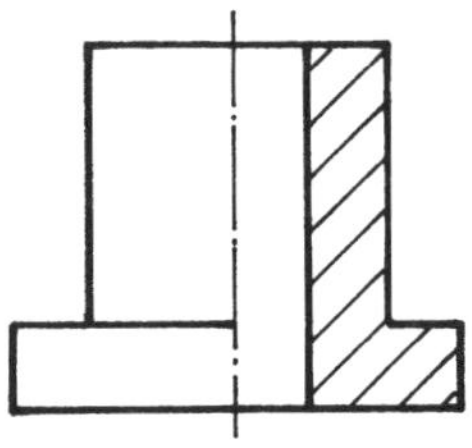

Beide Hälften werden nur durch die ______________________ getrennt.
Verdeckte Kanten sind möglichst zu ______________________.

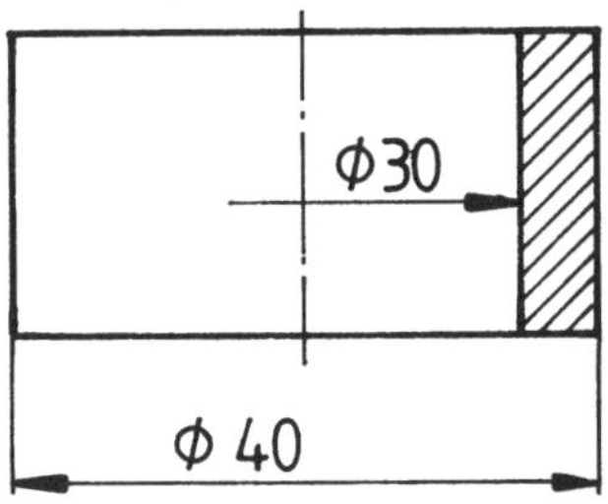

2. Innendurchmesser und ähnliche Maße erhalten nur __________ Maßpfeil in der geschnittenen Hälfte. Die Maßlinie wird über die Mittellinie hinaus in die ____________________ gezogen.

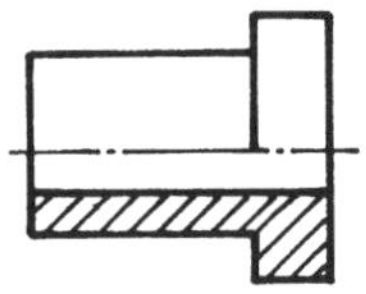

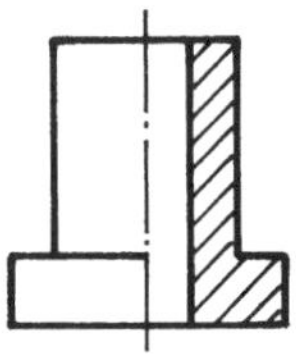

3. Vorzugsweise wird die __________ bzw. __________ Hälfte des Werkstücks im Schnitt dargestellt.

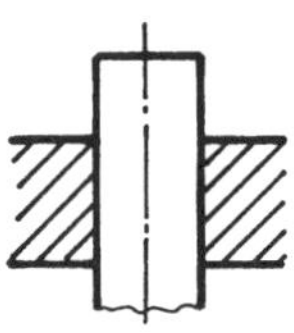

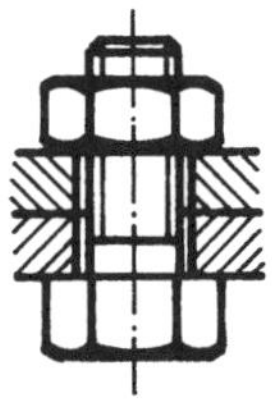

4. Volle Werkstücke wie ______________________________

____

werden ______________________________ dargestellt.

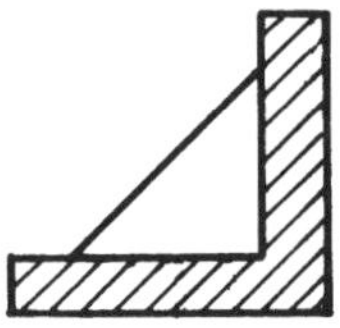

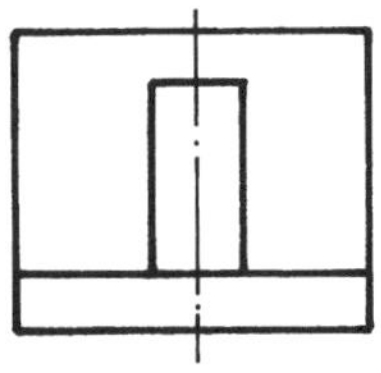

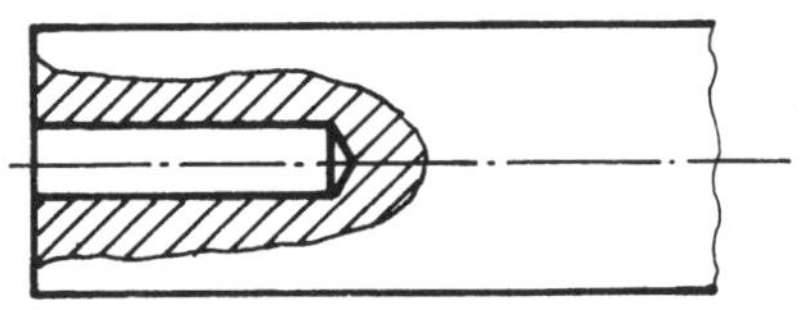

5. Teilschnitte (____________________) wendet man bei Werkstücken an, die __________ im Schnitt dargestellt werden dürfen. Teilschnitte werden durch ______________________________ begrenzt.

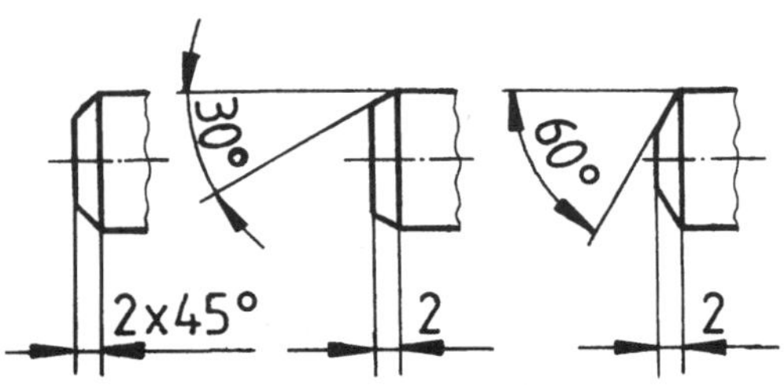

6. Die Bemaßung einer Fase von ____________ kann in einem Maß zusammengefasst werden.
Bei allen anderen Fasen sind die ____________________ und das ____________________ anzugeben.

Halbschnitt - Teilschnitt

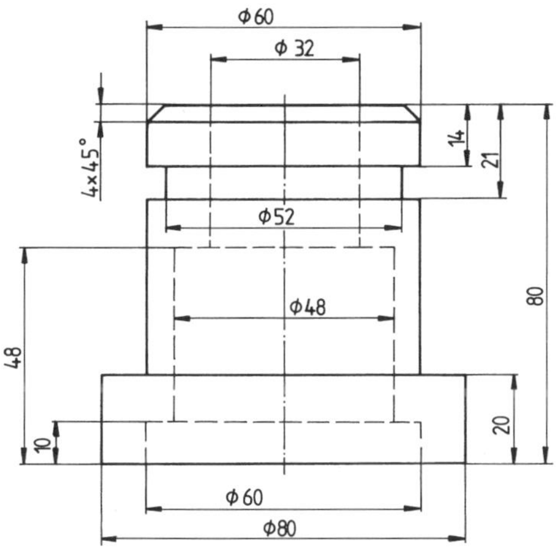

Geg.: Ansicht A (Vorderansicht)
Ges.: Ansicht A (Vorderansicht) im Halbschnitt, B (Draufsicht)

1 : 1	**Buchse** 10S20	**A**

Hauptmaße: Ø 40 x 300

Lage: In der Ansicht A waagerecht

Arbeitsgänge:

a) von links 32 tief auf 30 abdrehen,
b) von links Senkung mit Ø 18, 12 tief,
c) von rechts unter 60° auf eine Breite von 5 abfasen,
d) rechts Senkung Ø 10, 51 tief,
e) rechts Senkung Ø 20, 24 tief.

Geg.: Text
Ges.: Ansicht A (Vorderansicht) mit Teilschnitten

1 : 1	**Welle** C35	**B**

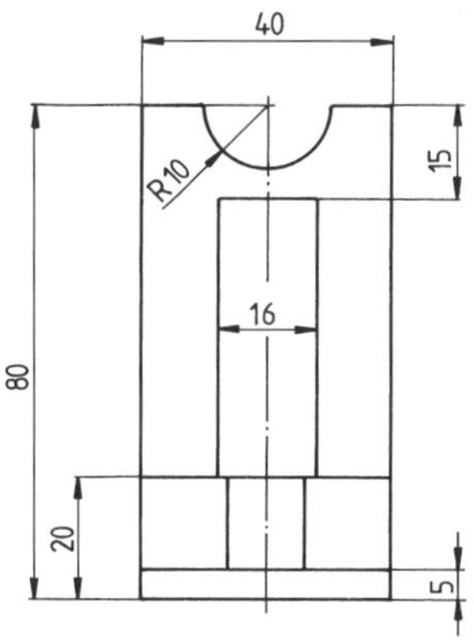

Hinweis:
Die Rippe hat die
Form eines Dreiecks

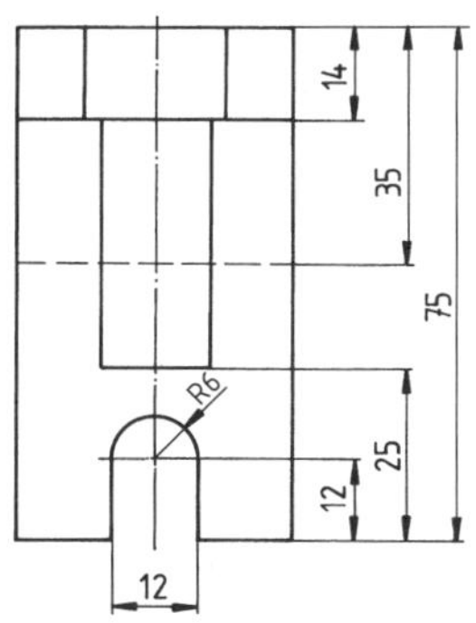

Geg.: Ansicht A (Vorderansicht), B (Draufsicht)
Ges.: Ansicht C (Seitenansicht von links) im Schnitt

1 : 1	**Stützbock** C22	**C**

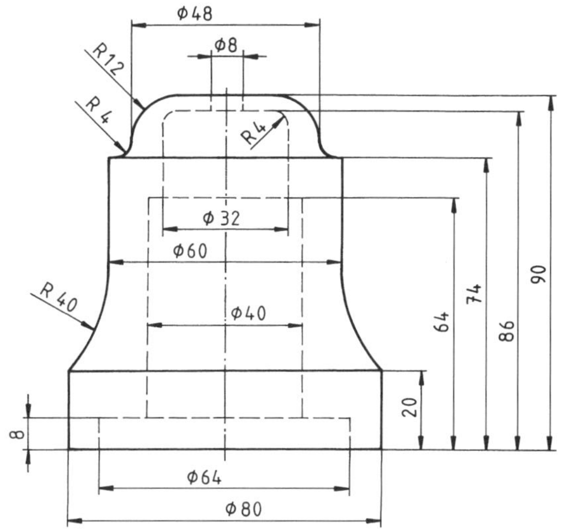

Geg.: Ansicht A (Vorderansicht)
Ges.: Ansicht A (Vorderansicht) im Halbschnitt, B (Draufsicht)

1 : 1	**Abdeckglocke** EN AC-AlSi12	**D**

Name	*Klasse*	*Datum*	*Maße in mm*	**29**

Besonderheiten in der Schnittdarstellung

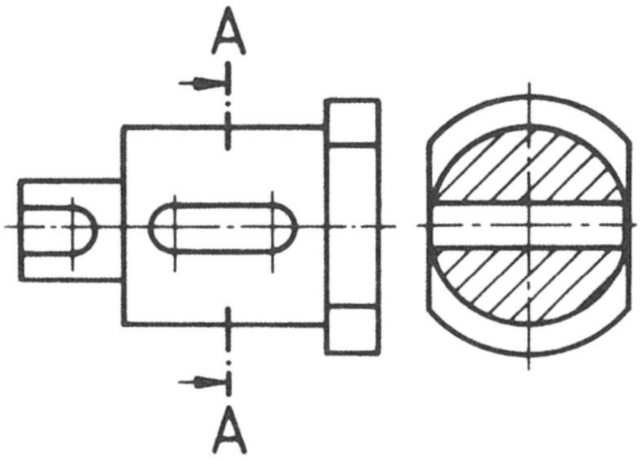

1. Der Schnittverlauf wird grundsätzlich durch Schnittlinien (________________________) gekennzeichnet. Diese ragen nur wenig (ca. ________________) in den Körper hinein.
   Die Pfeile geben die ____________________ an. Sie sind 1,5-mal so groß wie Maßpfeile (ca. 4 mm) und berühren mit ihren ______________ die Schnittlinie.

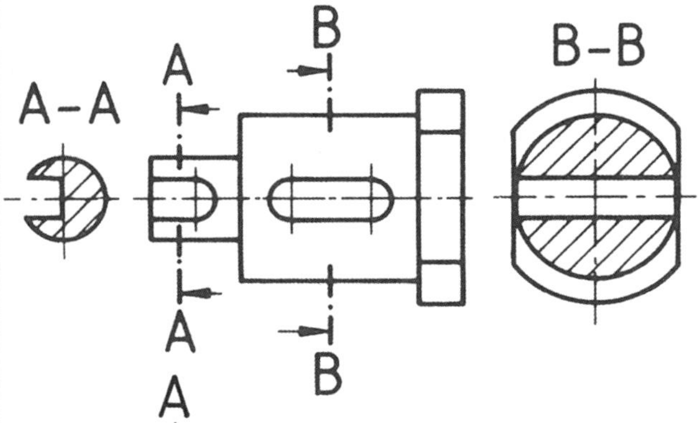

2. Wird ein Körper ________________ geschnitten, versieht man die Enden der Schnittlinien mit __________
   ________________________ .
   Die Schnittdarstellungen stehen nach Möglichkeit in ________________________ und werden durch die entsprechenden Angaben gekennzeichnet.
   Die Kennbuchstaben sind eine Schriftgröße höher als die Maßzahlen.

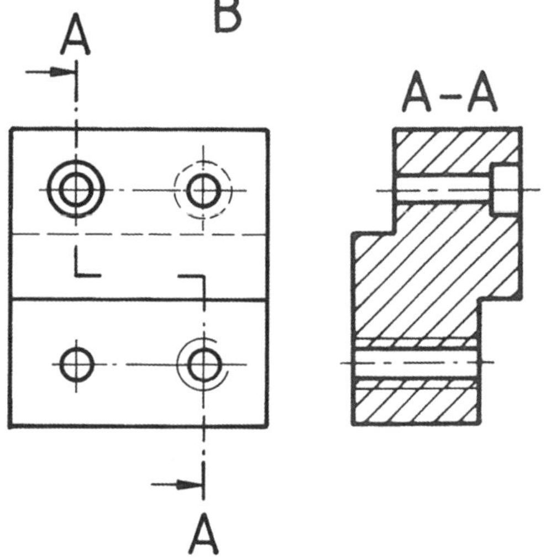

3. Will man wichtige Einzelheiten, die nicht in __________ ________________________ liegen, durch ein einziges Schnittbild darstellen, so __________ man die Schnittlinie.
   Den Schnitt zeichnet man so, als lägen die Schnittflächen in ________________ .

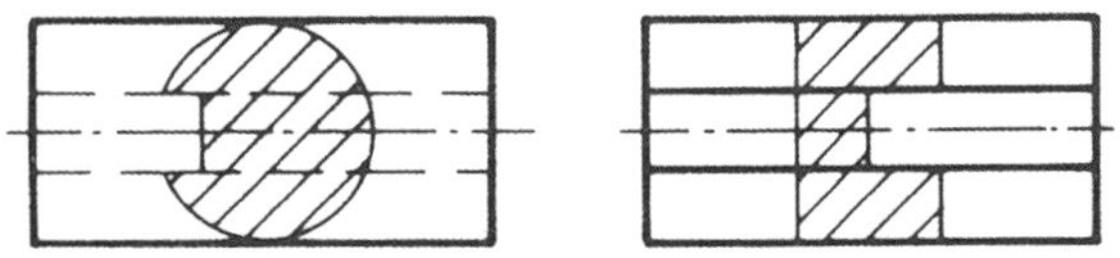

4. Querschnitte einfacher Körper werden meist in die Zeichenebene ______________ . Der Umriss ist eine schmale ______________ .

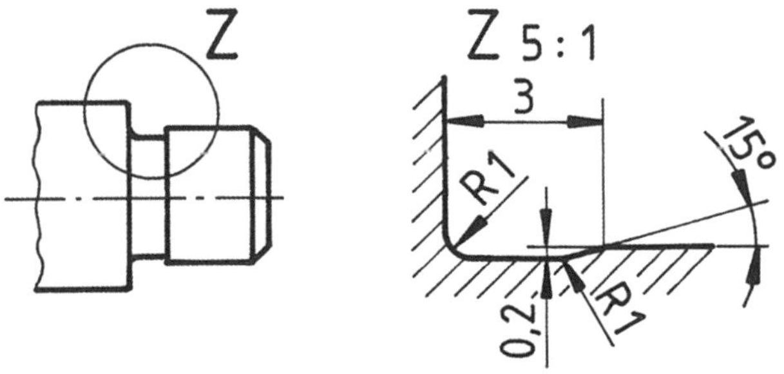

5. Einzelheiten können ____________________ herausgezeichnet werden. Sie sind am Werkstück mit einem __________ (= schmale Volllinie) umgeben und mit einem ____________________________ versehen.
   Der Maßstab der ______________________ ist anzugeben.

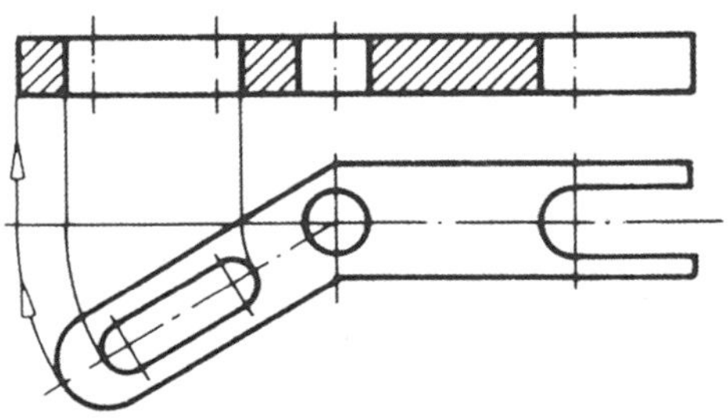

6. Schräg zueinander stehende Teile eines Werkstückes __________ man bei Schnittdarstellung in die Zeichenebene, um ______________________ zu vermeiden.

Besonderheiten in der Schnittdarstellung

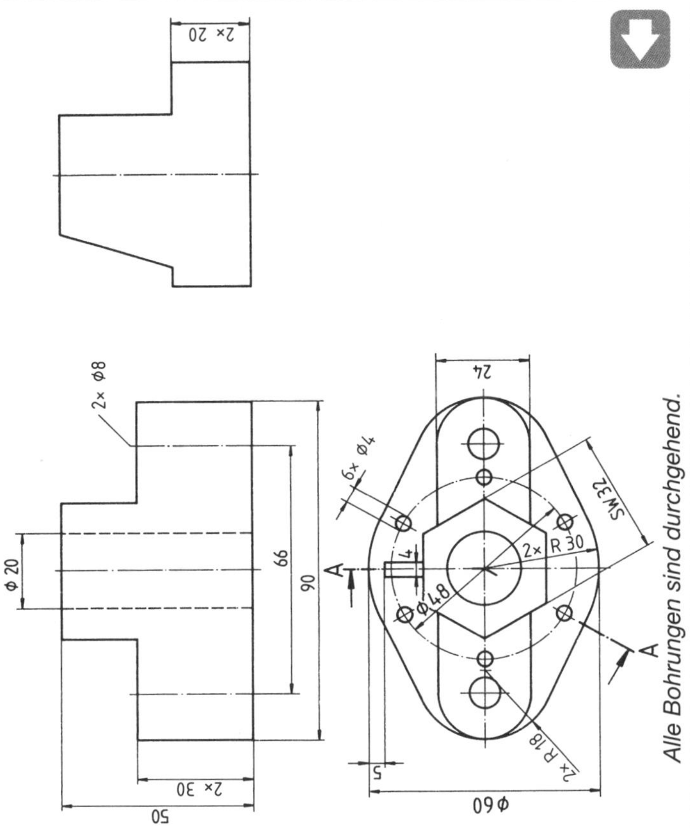

Geg.: Ansicht B (DS), A (VS), u. C (SA v. links) sind unvollständig
Ges.: Ansicht A (Vorderansicht) im Schnitt, Schnitt A-A

1 : 1	**Flansch** S275J0	**A**

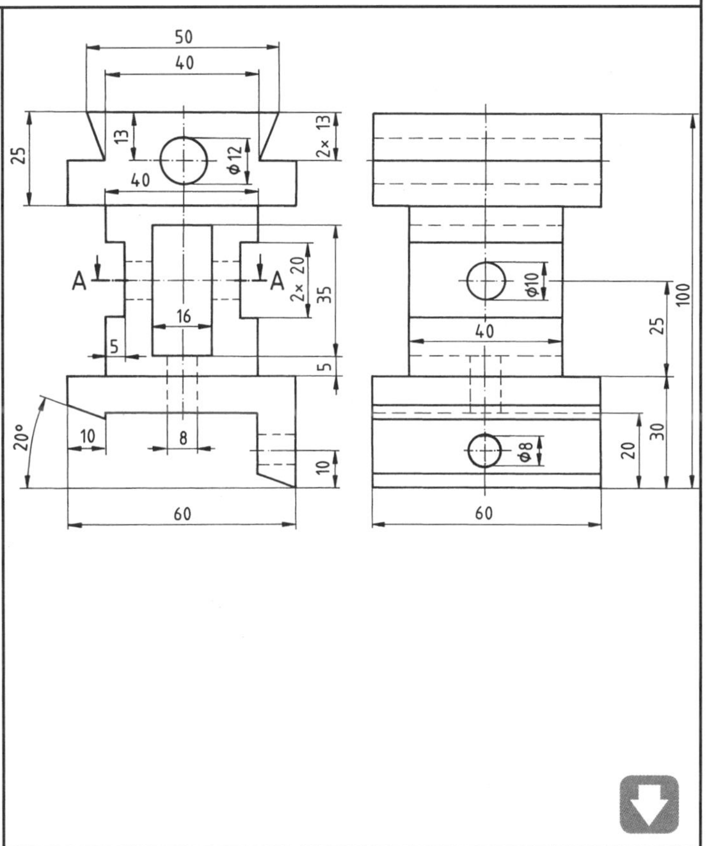

Geg.: Ansicht A (Vorderansicht), C (Seitenansicht von links)
Ges.: Schnitt A-A, Ansicht C (Seitenans. v. li.) im Schnitt

1 : 1	**Führungssockel** S235J0	**B**

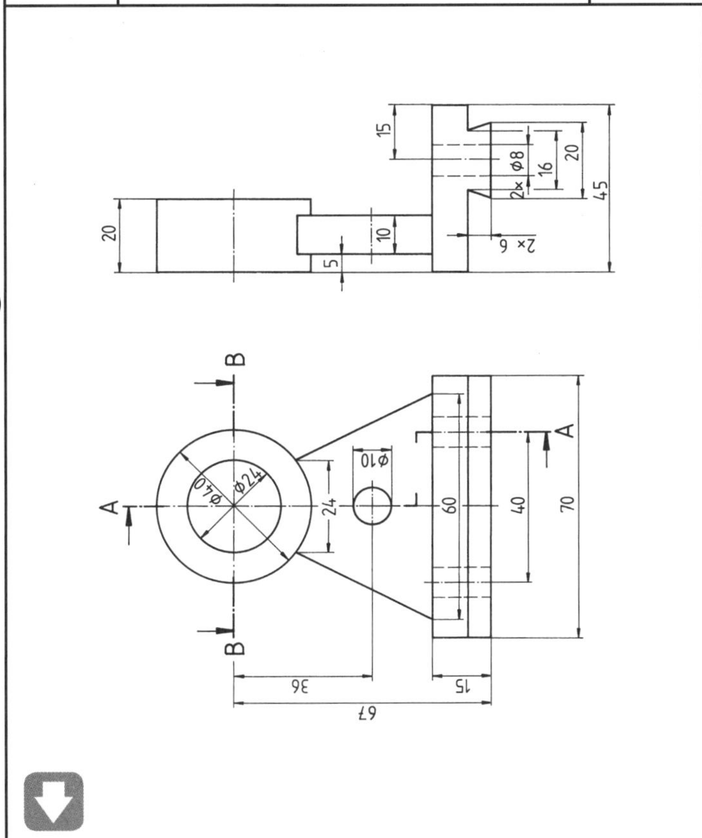

Geg.: Ansicht A (Vorderansicht), C (Seitenans. v. li.) unvollständig
Ges.: Schnitt A-A, Schnitt B-B

1 : 1	**Lagerbock** EN-GJL-300	**C**

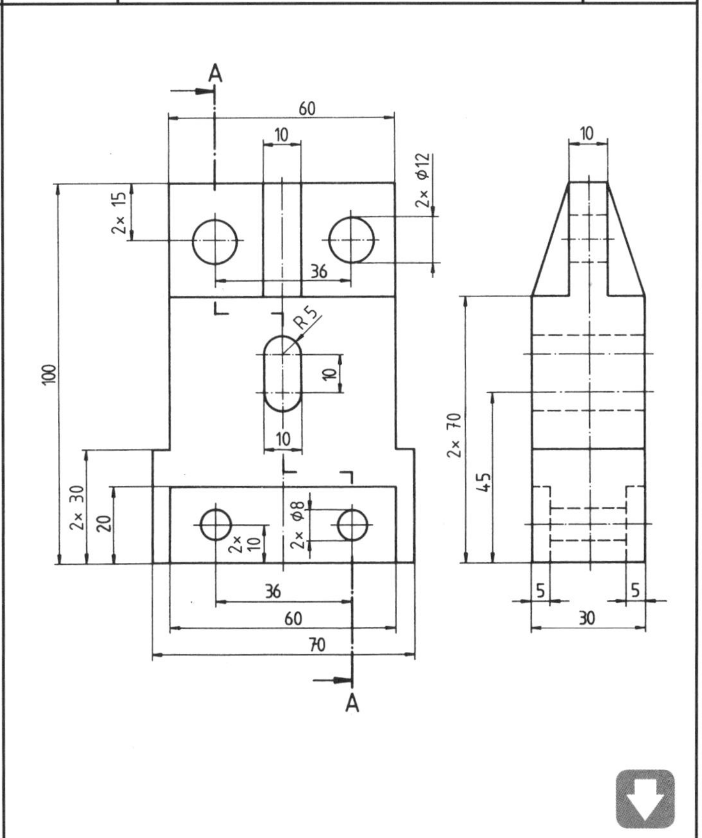

Geg.: Ansicht A (Vorderansicht), C (Seitenansicht von links)
Ges.: Ansicht B (Draufsicht), Schnitt A-A

1 : 1	**Spannplatte** S235J0	**D**

Name	*Klasse*	*Datum*	*Maße in mm*	**31**

Gewindedarstellung

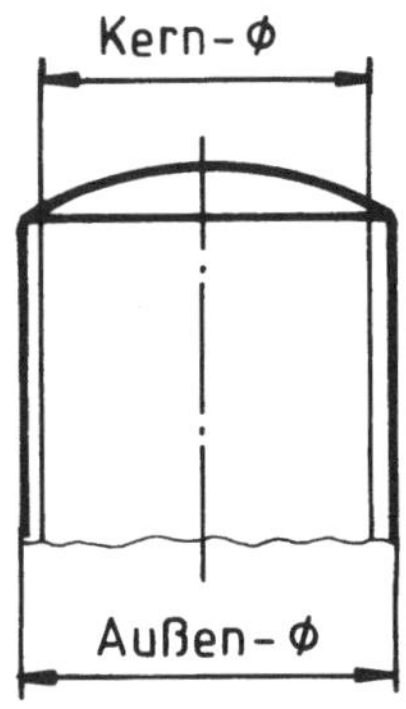

1. Beim **Außengewinde** wird der Außendurchmesser als ______________________, der Kerndurchmesser als ______________________ dargestellt.
   Der Abstand der breiten und schmalen Linie muss der ______________________ entsprechen.
   Kerndurchmesser ≈ Außendurchmesser x 0,8

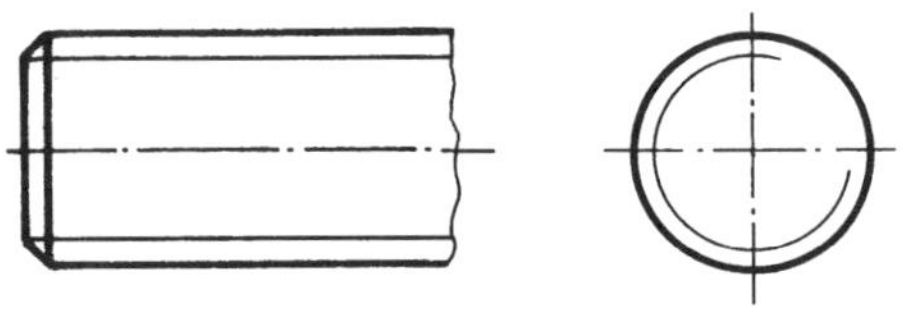

2. In Richtung auf das Schaftende gesehen erscheint der Kerndurchmesser als ein ______________________ in beliebiger Lage.
   Zu bevorzugen ist die Öffnung im rechten oberen Quadranten.

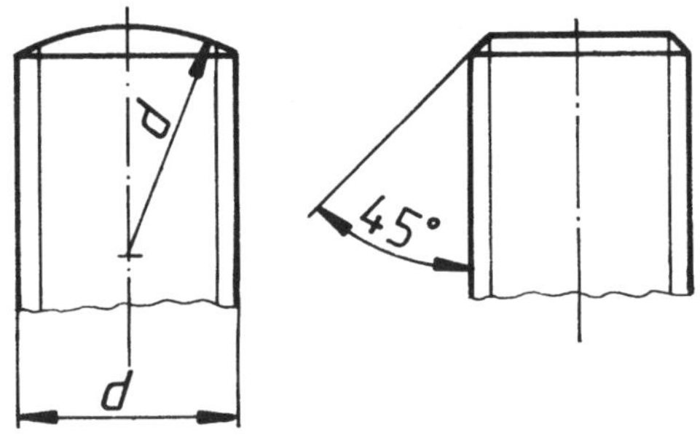

3. Schraubenenden werden meist als ______________________ oder ______________________ gestaltet. Der Radius der Linsenkuppe entspricht etwa dem ______________________ ______________. Die Kegelkuppe wird vom ______________ ______________________ aus unter 45° abgefast.

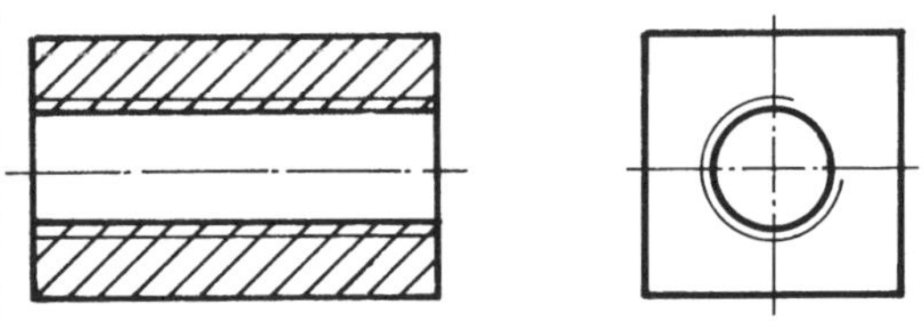

4. Beim **Innengewinde** wird im Gegensatz zum Außengewinde der Kerndurchmesser durch eine ______________________ ______________________, der Außendurchmesser durch eine ______________________ dargestellt.

Merke: Die schmale Volllinie liegt immer auf der Werkstoffseite.
Schraffiert wird bis zur breiten Volllinie.

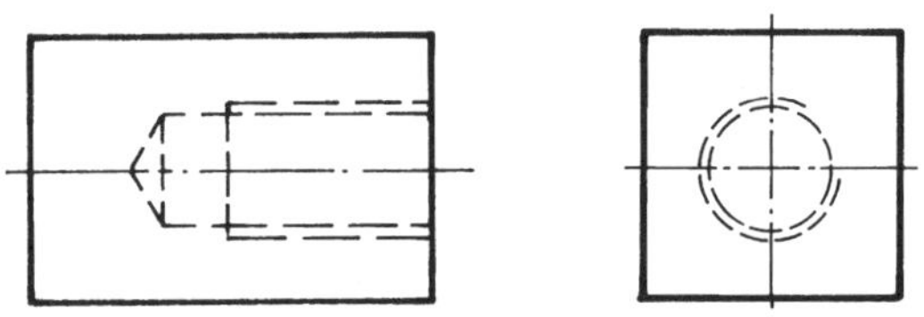

5. Alle Linien eines verdeckten Gewindes werden als ______________________ gezeichnet.
   Auch der schmale Dreiviertelkreis wird zum gestrichelten ______________________.

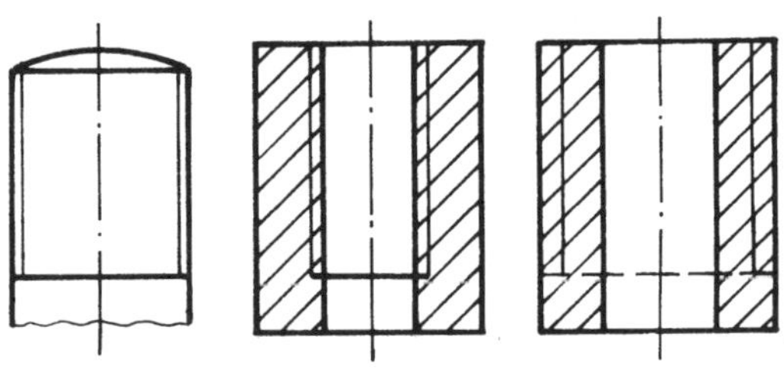

6. Der Gewindeabschluss ist als ______________________ bis zum Außendurchmesser zu ziehen. Außengewinde erhalten in der Schnittdarstellung eine ______________________ als Gewindeabschlusslinie.

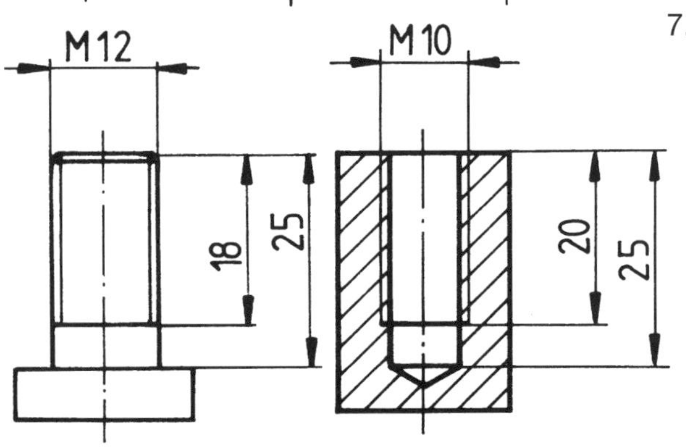

7. Bemaßt wird immer
   a) der ______________________. Das Gewindekurzzeichen steht ______________ der Maßzahl, z. B. M10, M18 x 1,5, R4.
   b) die nutzbare ______________________,
   c) die Schaftlänge __________ Kuppe, bzw. die Kernlochtiefe ______________ Bohrkegel.
   Bohrkegel und Innenfase schließen einen Winkel von 120° ein und werden nicht bemaßt.

Gewindedarstellung

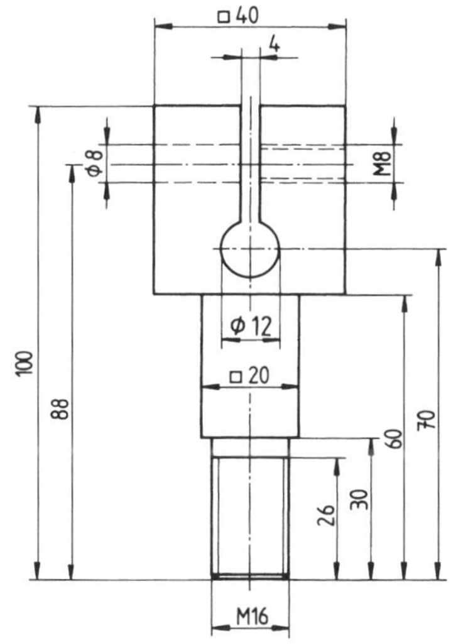

Geg.: Ansicht A (Vorderansicht)
Ges.: Ansicht B (Draufsicht), C (Seitenans. v. li.) im Schnitt

1 : 1	**Spannkloben** S235J0	**A**

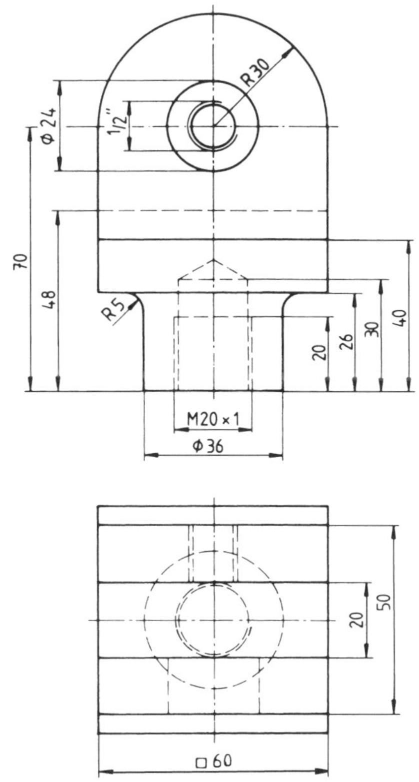

Geg.: Ansicht A (Vorderansicht), B (Draufsicht)
Ges.: Ansicht C (Seitenansicht von links) im Schnitt

1 : 1	**Gabelkopf** S235J0	**B**

Hauptmaße: Ø 40 x 100

Lage des Werkstückes:

In der Ansicht A stehend

Arbeitsschritte:

a) Von unten wird ein Zylinder Ø 20, 65 lang angedreht.

b) Der Zylinder wird am Ende auf Ø 12, 30 lang abgesetzt.

c) Das Bolzenende erhält ein Metrisches Feingewinde M12 x 1, 20 lang mit Linsenkuppe.

d) Oben wird ein Vierkant 24 x 24, 20 lang angebracht

Geg.: Text
Ges.: Ansicht A (Vorderansicht), B (Draufsicht)

1 : 1	**Bolzen** 9S20	**C**

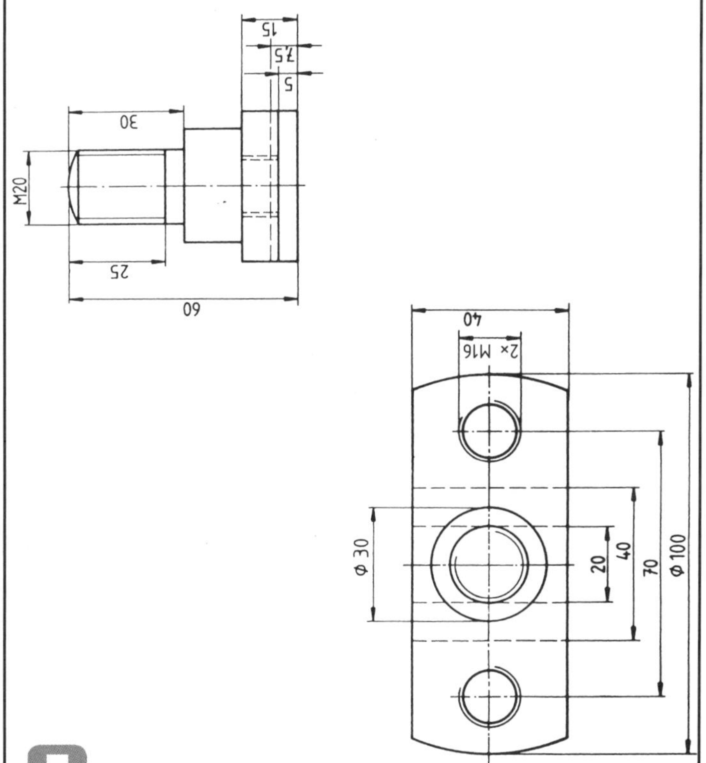

Geg.: Ansicht C (Seitenansicht von links), B (Draufsicht)
Ges.: Ansicht A (Vorderansicht)

1 : 1	**Führungsflansch** S235J0	**D**

Name	Klasse	Datum	*Maße in mm*	33

Schraubenverbindungen

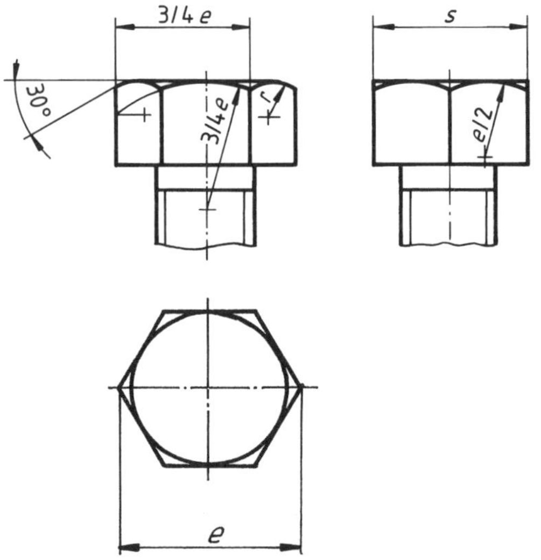

1. Bei der Darstellung eines Sechskants erscheint das ________ ________________________ (*e*) in der ________________________ ____, die ________________________ (*s*) in der ______________ ____.

   Die Fasenbögen sind zu Kreisabschnitten vereinfacht und ergeben sich aus dem ________________ (______________).

   e = *s* • 1,155   *s* = *e* • 0,866

   Bezeichnung einer Schlüsselweite von s = 20 : SW 20

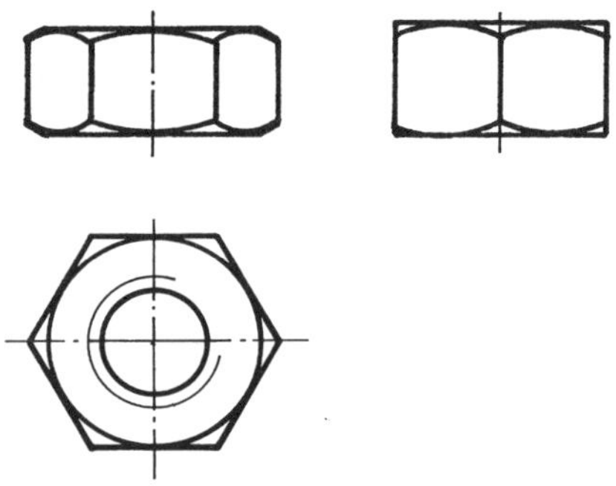

2. Muttern erhalten im Gegensatz zu Schraubenköpfen ________________ Abfasungen.

   Scharfe Ecken bleiben durch das Abfasen nur in der ____ bestehen.

   In Ansicht A und C (Vorderansicht und Seitenansicht) zeichnet man kein ________________ ein.

   Höhe des Schraubenkopfes: *k = 0,7 • d*

   Höhe der Mutter: *m = 0,8 • d*

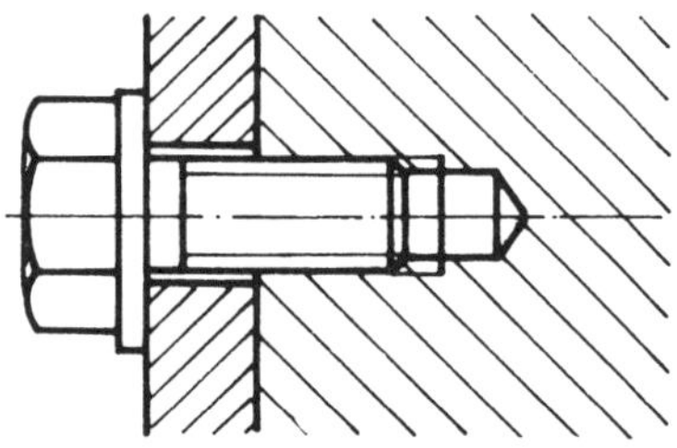

3. Schrauben, Muttern und Unterlegscheiben werden nicht ____________________ dargestellt.

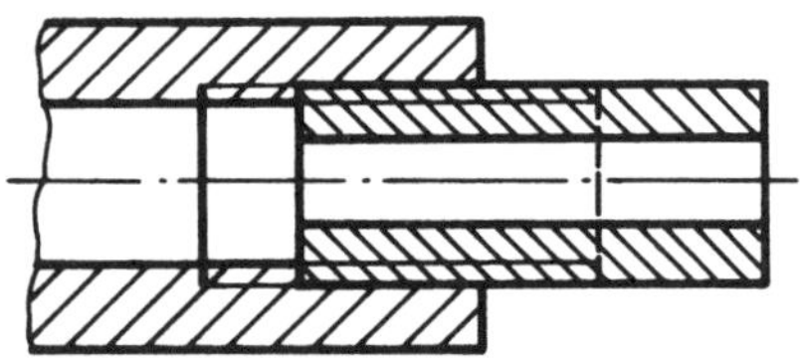

   Treffen in einer Darstellung Innen- und Außengewinde zusammen, so zeichnet man die Linien des ________________ ________________________.

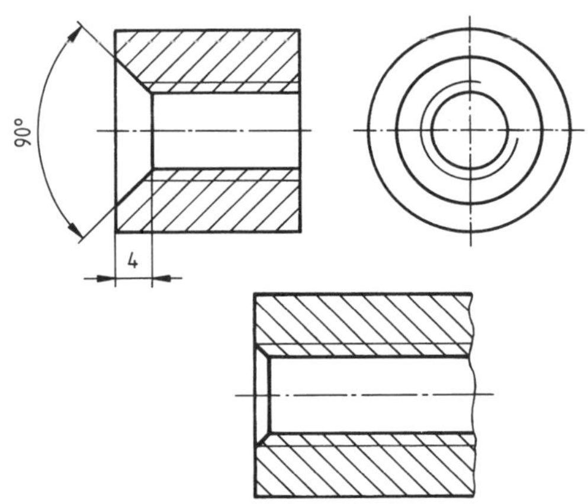

4. Senkungen müssen nur dann dargestellt werden, wenn sie über den ____ hinausgehen.

   Bei der Bemaßung von Senkungen werden der __________ ______________ und die ________________________ oder Senkungswinkel und der Senkungsdurchmesser angegeben. Bei Längsschnitten kann die fertigungsübliche Ansenkung, die bis zum Gewindeaußendurchmesser reicht, dargestellt werden.

Schraubenverbindungen

Werkstücke:
Sechskantschraube ISO 4017 - M20 x 75 - 8.8
(*e* ≈ 34, Kegelkuppe, Gewindelänge annähernd bis Kopf (69)
2 Sechskantmuttern ISO 4032 - M20 - 8
Scheibe ISO 7090 - A 21 - 140 HV
(Außendurchmesser 37, Dicke 3)
2 Laschenenden:

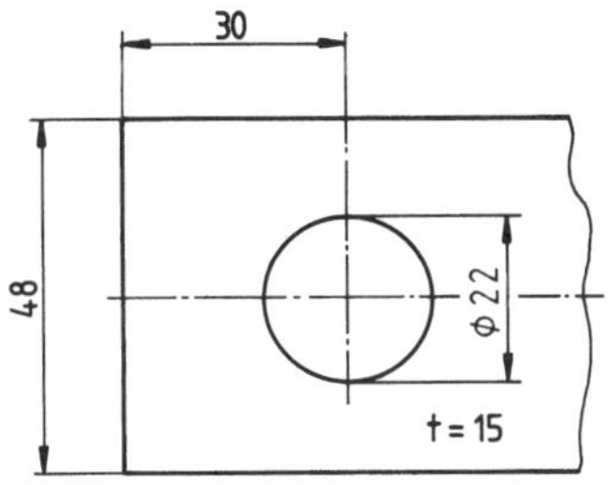

Aufgabe:
Zeichne die Schraubensicherung durch Doppelmutter in ausführlicher Darstellung ohne Bemaßung, Ansicht A und Ansicht C im Schnitt.

Geg.: Text, Skizze
Ges.: Ansicht A (VA) und C (SA v. links) im Schnitt, B (DS)

1 : 1	**Schraubensicherung**	**A**

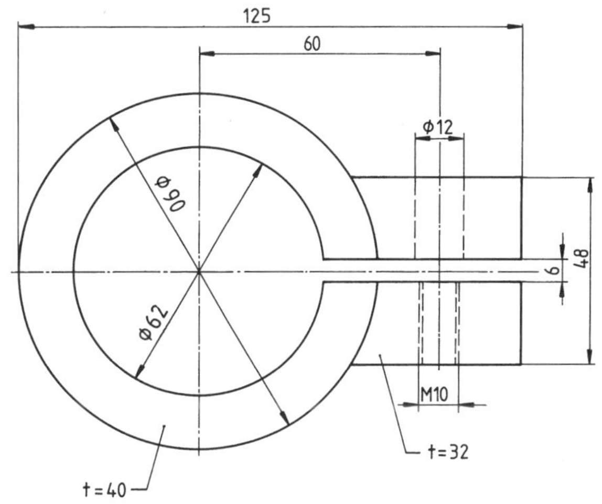

Aufgabe:
Zeichne das Werkstück in zwei Ansichten mit eingeschraubter Sechskantschraube ISO 4014 - M10 x 45 - 10.9 (*e* ≈ 18, Gewindelänge 26) und Scheibe ISO 7090 - A 10,5 - 140 HV (Außendurchmesser 20, Dicke 2).
Bohrung und Gewinde sind durch Teilschnitt (Ausbruch) sichtbar zu machen.
Normteile nicht bemaßen!

Geg.: Ansicht A (Vorderansicht), Text
Ges.: Ansicht A (Vorderansicht) mit Teilschnitt, B (Draufsicht)

1 : 1	**Klemmring** S235J0	**B**

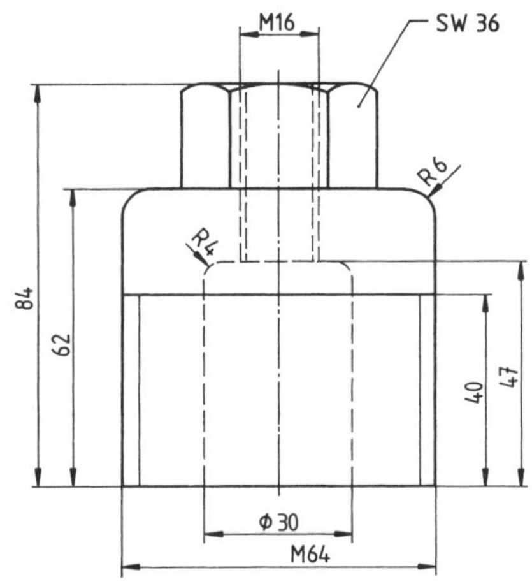

Aufgabe:
Zeichne das Werkstück in zwei Ansichten (Ansicht A, im Schnitt) mit eingeschraubter Sechskantschraube ISO 4017 - M16 x 80 - 8.8 (*e* ≈ 26, Gewindelänge annähernd bis Kopf (75), Linsenkuppe) - Einschraublänge beliebig.
Normteil nicht bemaßen.
Ausführliche Schraubendarstellung.

Geg.: Ansicht A (Vorderansicht), Text
Ges.: Ansicht A (Vorderansicht) im Schnitt, B (Draufsicht)

1 : 1	**Abzieher** S275JR	**C**

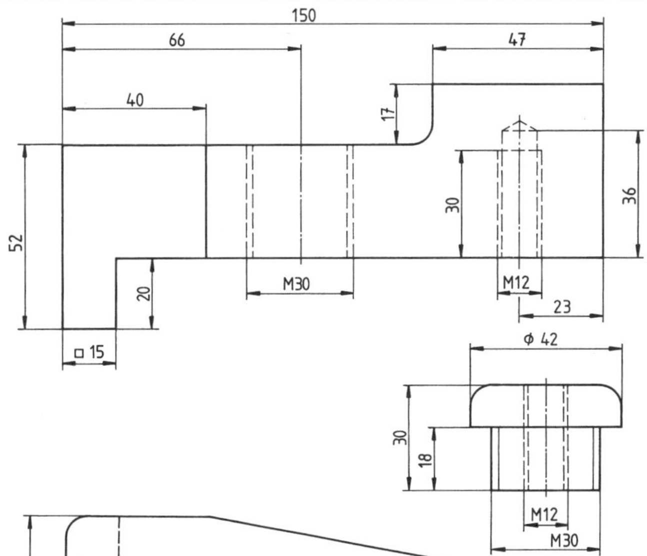

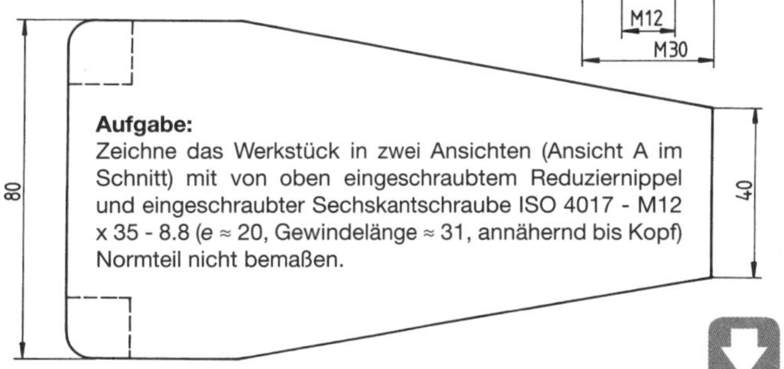

Aufgabe:
Zeichne das Werkstück in zwei Ansichten (Ansicht A im Schnitt) mit von oben eingeschraubtem Reduziernippel und eingeschraubter Sechskantschraube ISO 4017 - M12 x 35 - 8.8 (*e* ≈ 20, Gewindelänge ≈ 31, annähernd bis Kopf)
Normteil nicht bemaßen.

Für alle nicht bemaßten Rundungen gilt *R* = 6

Geg.: Ansicht A (Vorderansicht), B (Draufsicht) unvollständig, Text
Ges.: Ansicht A (Vorderansicht) im Schnitt, B (Draufsicht)

1 : 1	**Stativ mit Reduziernippel**	**D**

Name	*Klasse*	*Datum*	*Maße in mm*	**35**

Abmaße

Maßtoleranzen

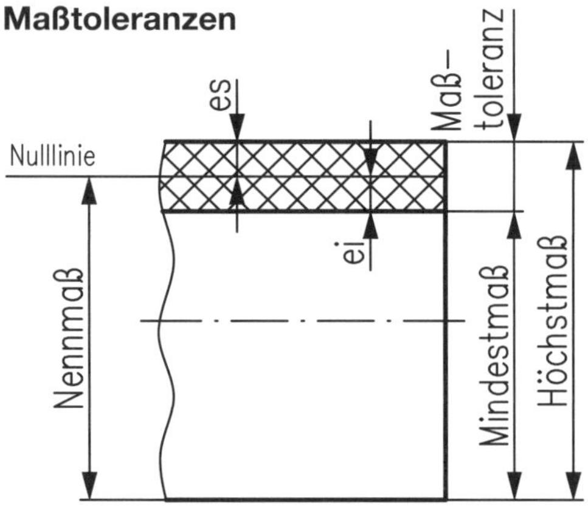

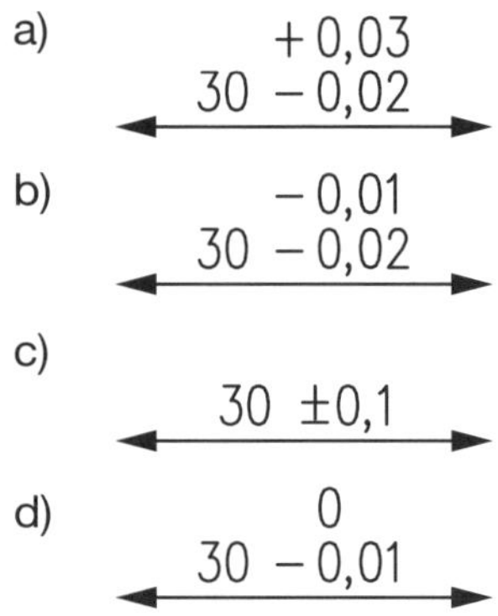

	Beispiel a	Beispiel b	Beispiel c	Beispiel d
Nennmaß				
oberes Abmaß (ES, es)				
unteres Abmaß (EI, ei)				
Höchstmaß				
Mindestmaß				
Maßtoleranz				

Abmaße für Wellen werden mit Kleinbuchstaben (es, ei), Abmaße für Bohrungen mit Großbuchstaben (ES, EI) gekennzeichnet.

Die ________________ können dem ________________

________________ beigefügt werden. Grenzabmaße werden vorzugsweise in der gleichen Schriftgröße wie die Nennmaße eingetragen. Das obere Abmaß wird ________________ gesetzt.

Das ________________________ spielt dabei keine Rolle.

________________ Abmaße fasst man zu einer Zahl mit

________________ Vorzeichen zusammen.

Das Abmaß ________ kann weggelassen werden, wenn keine Missverständnisse zu erwarten sind.

Trage die entsprechenden Werte in die obige Tabelle ein!

Allgemeintoleranzen

Nennmaßbereich							
über	0	3	6	30	120	400	1000
bis einschließlich	3	6	30	120	400	1000	2000
Toleranzklasse	**Allgemeintoleranzwerte**						
a	±0,05	±0,05	±0,1	±0,15	±0,2	±0,3	±0,5
b	±0,1	±0,1	±0,2	±0,3	±0,5	±0,8	±1,2
c	±0,2	±0,3	±0,5	±0,8	±1,2	±2	±3
d	±0,3	±0,5	±1,0	±1,5	±2,5	±4	±6

Allgemeintoleranzen dienen zur Vereinfachung von Zeichnungen und gelten für alle Maße ohne Toleranzangabe, wenn in der Zeichnung darauf hingewiesen ist. Nach DIN 2769 gibt es vier Toleranzklassen: ________________________________

____

Die Allgemeintoleranz wird auf der Zeichnung vermerkt.
Beispiel: Allgemeintoleranzen DIN 2769-b.

Arten der Maßeintragung

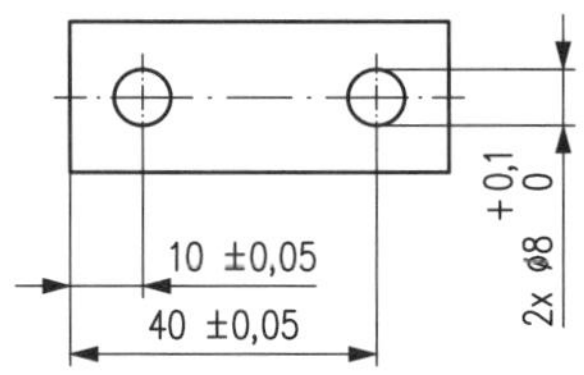

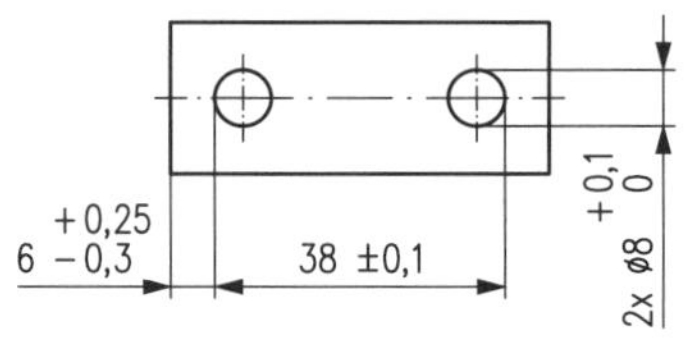

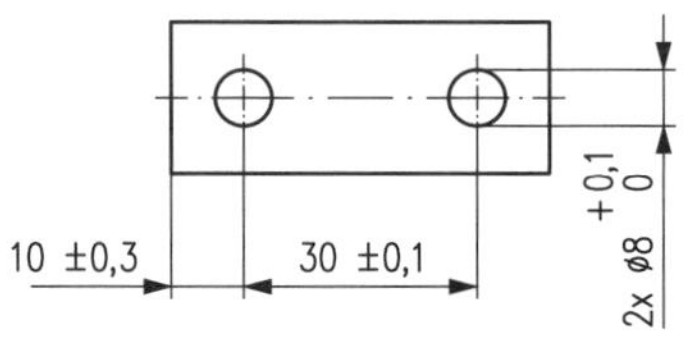

Bei der ________________________ Bemaßung lassen sich die Maße ohne Umrechnung direkt für die Fertigung verwenden.

Bei der ________________________ Bemaßung lassen sich die Maße ohne Umrechnung direkt für die Prüfung verwenden.

Bei der ________________________ Bemaßung führt eine Toleranzüberschreitung zur Unbrauchbarkeit.

Wenn die Bemaßungsarten innerhalb einer Zeichnung nicht übereinstimmen, so sind die Toleranzen bei der funktionsbezogenen Maßeintragung größer als bei der fertigungs- oder prüfbezogenen.

Abmaße

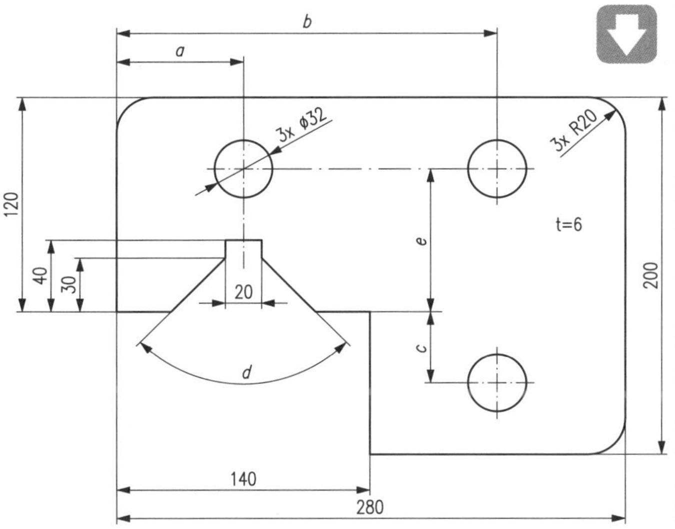

	a	b	c	d	e
Nennmaß	70	210	40	90°	80
ob. Abmaß					+ 0,1
unt. Abmaß					
Höchstmaß	70,1	210,2	39,9	90° 30´	
Mindestmaß	69,9	210	39,8	89° 40´	
Maßtoleranz					0,3

Geg.: Ansicht A (VA), Bemaßung und Tabelle sind unvollständig
Ges.: Ansicht A (VA), Bemaßung m. Grenzabmaßen, Tabelle übertragen und ergänzen

1 : 2 **Grundplatte** S235J0 **A**

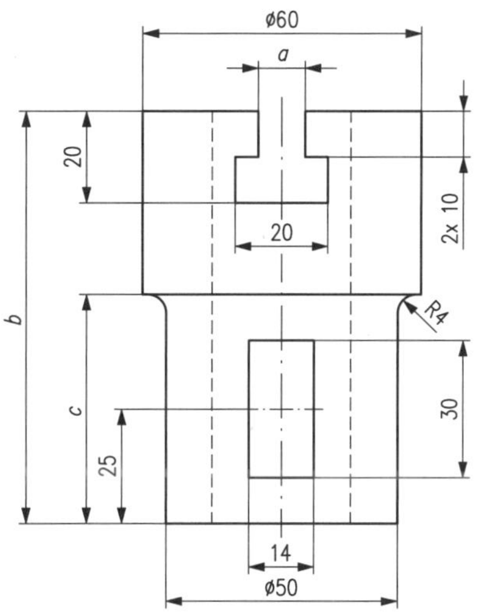

	a	b	c
Nenn-maß	10	90	50
Höchst-maß	10,1	90	50,2
Mindest-maß	9,9	89,7	50,1

Geg.: Ansicht A (Vorderansicht), Tabelle
Ges.: Ansicht B (Draufsicht), C (Seitenans. v. links) im Halbschnitt

1 : 1 **Halterung** EN-GJL-250 **B**

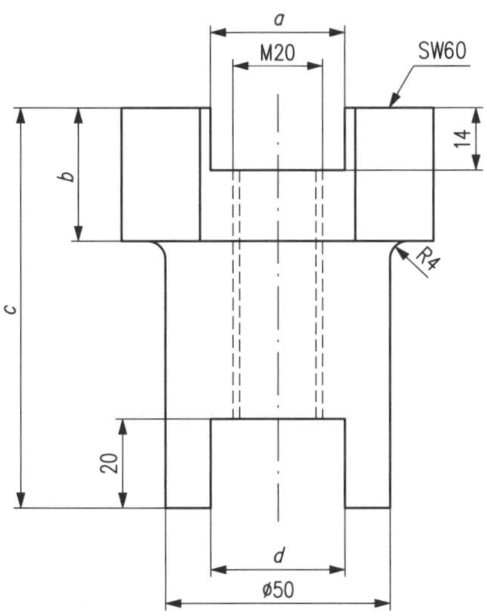

	a	b	c	d
Nenn-maß	30	30	90	30
Höchst-maß	30,05	30,1	90	30,1
Mindest-maß	30	30	89,7	29,9

Allgemeintoleranzen DIN 2769-b

Geg.: Ansicht A (Vorderansicht), Tabelle
Ges.: Ansicht B (Draufsicht), C (Seitenans. v. links) im Schnitt

1 : 1 **Kupplungsbolzen** S275J0 **C**

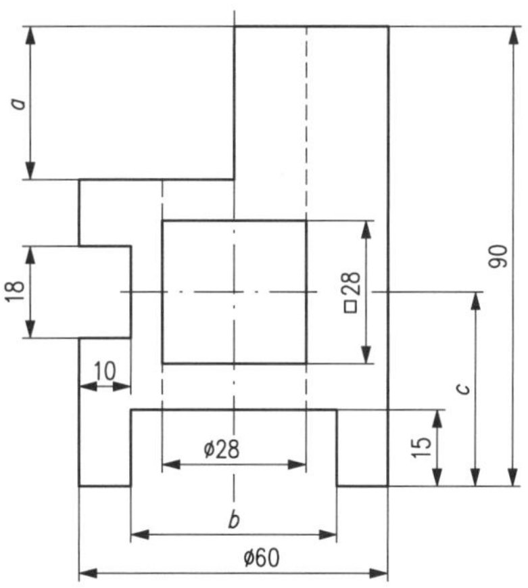

	a	b	c
Nenn-maß	30	40	38
Höchst-maß	30	40,1	38,2
Mindest-maß	29,9	39,9	37,9

Geg.: Ansicht A (Vorderansicht), Tabelle
Ges.: Ansicht B (Draufs.), C (Seitenans. v. li.), Halbschnitt, Bemaßung mit Grenzabmaßen

1 : 1 **Führungsbolzen** 18CrNiMo7-6 **D**

Name	Klasse	Datum	Maße in mm	37

Oberflächenbeschaffenheit (ISO 21920)

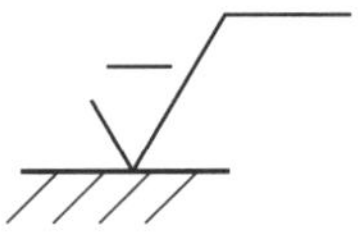

Abtrennung von Material ist ____________________

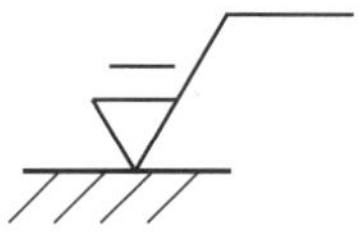

Abtrennung von Material ist ____________________

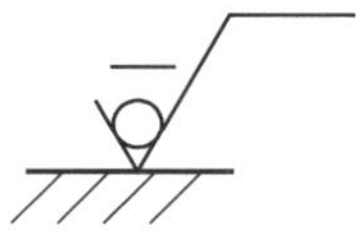

Abtrennung von Material ist ____________________

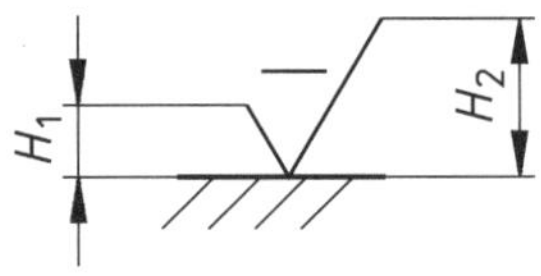

1. Das Grundsymbol besteht aus zwei Linien ungleicher Länge (Verhältnis __________), die um ________ zueinander geneigt sind. Es soll nur benutzt werden, wenn seine Bedeutung durch Zusätze erläutert wird.
   H_1 = 5 mm; H_2 = 10 mm; Strichstärke = 0,35 mm; Schrifthöhe = 3,5 mm

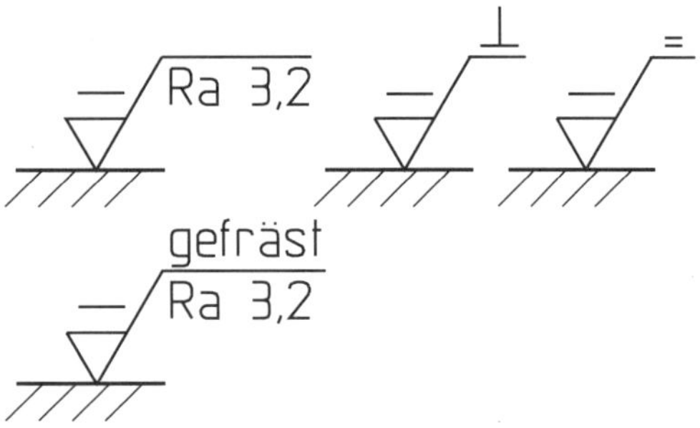

2. Die einzelnen Angaben der Oberflächenbeschaffenheit sind dem Symbol zuzuordnen.
   Oberflächenbeschaffenheit, z. B. ______________________.
   Fertigungsverfahren, z. B. ____________________.
   Oberflächenrillen und Oberflächenausrichtung z. B. __________.

3. Die Angaben besonderer Merkmale werden auf eine zusätzliche Linie des ____________________ Schenkel geschrieben.
   Die ungekürzte Wortangabe gibt den ____________________ der Oberfläche an.

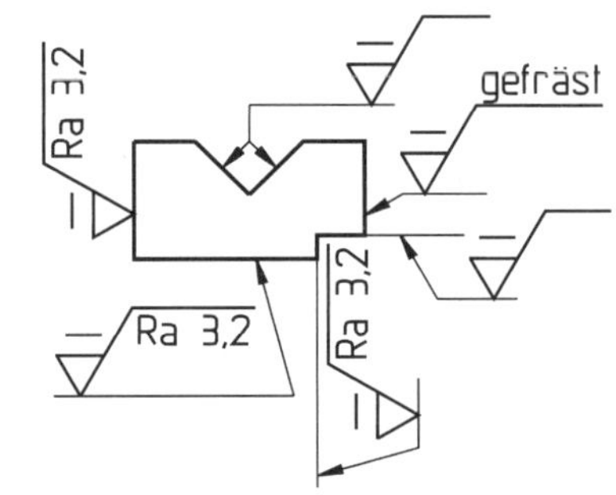

4. Symbole und Beschriftung müssen von ______________ oder von ______________ lesbar sein. Sie dürfen mit der Oberfläche auch durch einen ____________________ verbunden sein. Symbol und Pfeil werden von ______________ auf die ______________ ______________ oder eine ______________________ gesetzt.

5. Oberflächenzeichen setzt man für jede Fläche nur in die Ansicht, in der auch ____________________ wird.

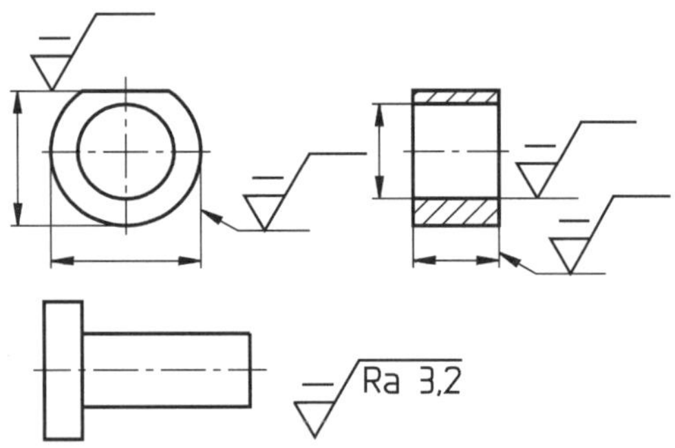

6. Bei einheitlicher Oberflächenbeschaffenheit wird das Symbol ______________________________________ gesetzt. Es kann durch die Wortangabe „allseitig“ ergänzt werden.

7. Bei überwiegend gleicher Oberfläche trägt man nur das ______________________________ Zeichen auf der Körperkante ein. Das Hauptsymbol steht neben der Zeichnung, die Ausnahme nochmals ____________________ daneben. Statt der Ausnahmen kann auch das Grundsymbol in die Klammer gesetzt werden. Drehkörper erhalten nur ein Symbol an der Mantellinie.

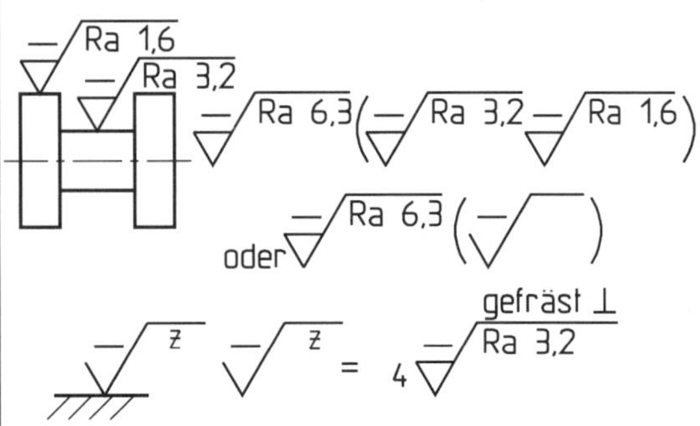

8. Bei komplizierten Angaben oder bei Platzmangel darf eine ______________________________ Eintragung an die Oberfläche gesetzt werden, wenn dessen Bedeutung näher erläutert ist.

Name	Klasse	Datum	Maße in mm	38

Oberflächenbeschaffenheit (ISO 21920)

Rillenrichtung		
Symbol	Erklärung	
=	Parallel zur Ansicht	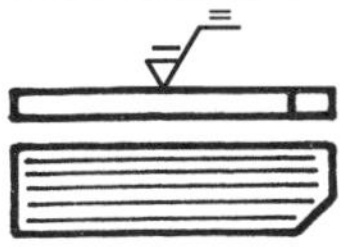
⊥	Senkrecht zur Ansicht	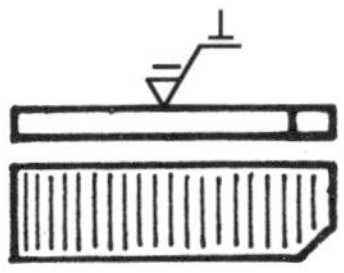
X	Zwei schräge Richtungen zur Ansicht	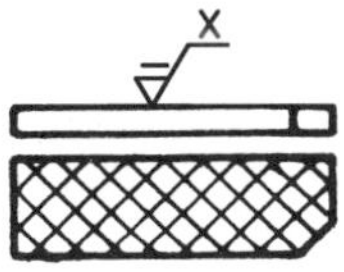
M	Viele Richtungen	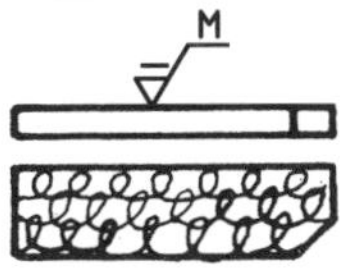
C	Zentrisch zum Mittelpunkt	
R	Radial zum Mittelpunkt	

1. Herstellungsverfahren: Fräsen
2. Rillenrichtung: senkrecht zur Ansicht
3. Rillenrichtung: viele Richtungen
4. Oberfläche mit der größtmöglichen Rauheit
   Ra = 3,2 µm
   Verfahren: spanabhebend
5. Oberfläche mit der größten Oberflächenrauheit von 6,3 µm und der kleinsten von 1,6 µm.
   Verfahren: freigestellt. (Die kleinere Rautiefe steht unter der größeren.)
6. Oberfläche: *Ra* = 25 µm,
   Verfahren: Drehen
   Trage die Angabe in vereinfachter Form auf die Flächen ein!

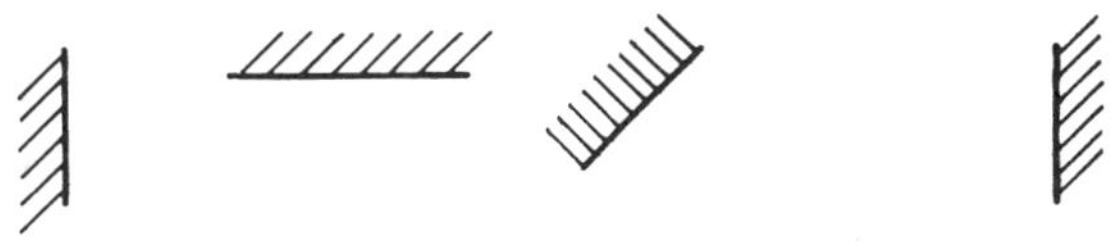

Geg.: Text
Ges.: Oberflächenkennzeichnung

Oberflächenbeschaffenheit ISO 1302 — **A**

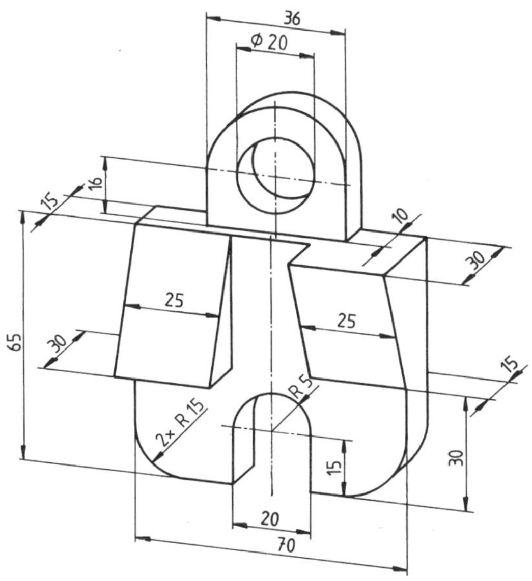

Rückseite: geschabt

schräge Flächen: geschliffen, *Ra* = 1,6 µm

sonstige Flächen: *Ra* = 12,5 µm

Geg.: Schrägbild
Ges.: Ansicht A (Vorderansicht), B (Draufsicht), C (Seitenans. v. links)

1 : 1	**Lagerplatte** GE200	**B**

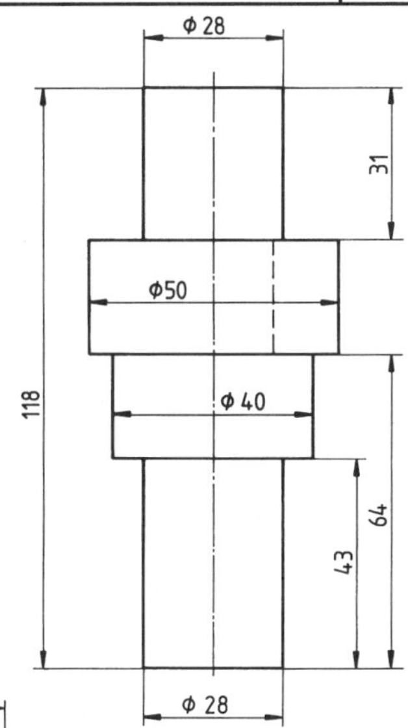

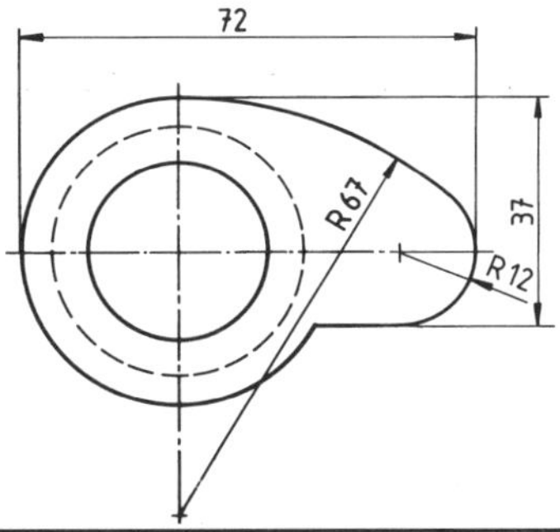

Zylinderflächen:
Ra = 12,5 µm
Ø 40 geschliffen,
mit *Ra* = 1,6 µm
Nocken-Mantelfläche:
poliert
sonstige Flächen:
Ra = 25 µm

Geg.: Ansicht B (Draufsicht), C (Seitenansicht v. links)
Ges.: Ansicht A (Vorderansicht)

1 : 1	**Nockenwelle** 15CrNi6	**C**

Name	Klasse	Datum	Maße in mm	39

Name	Klasse	Datum	Maße in mm

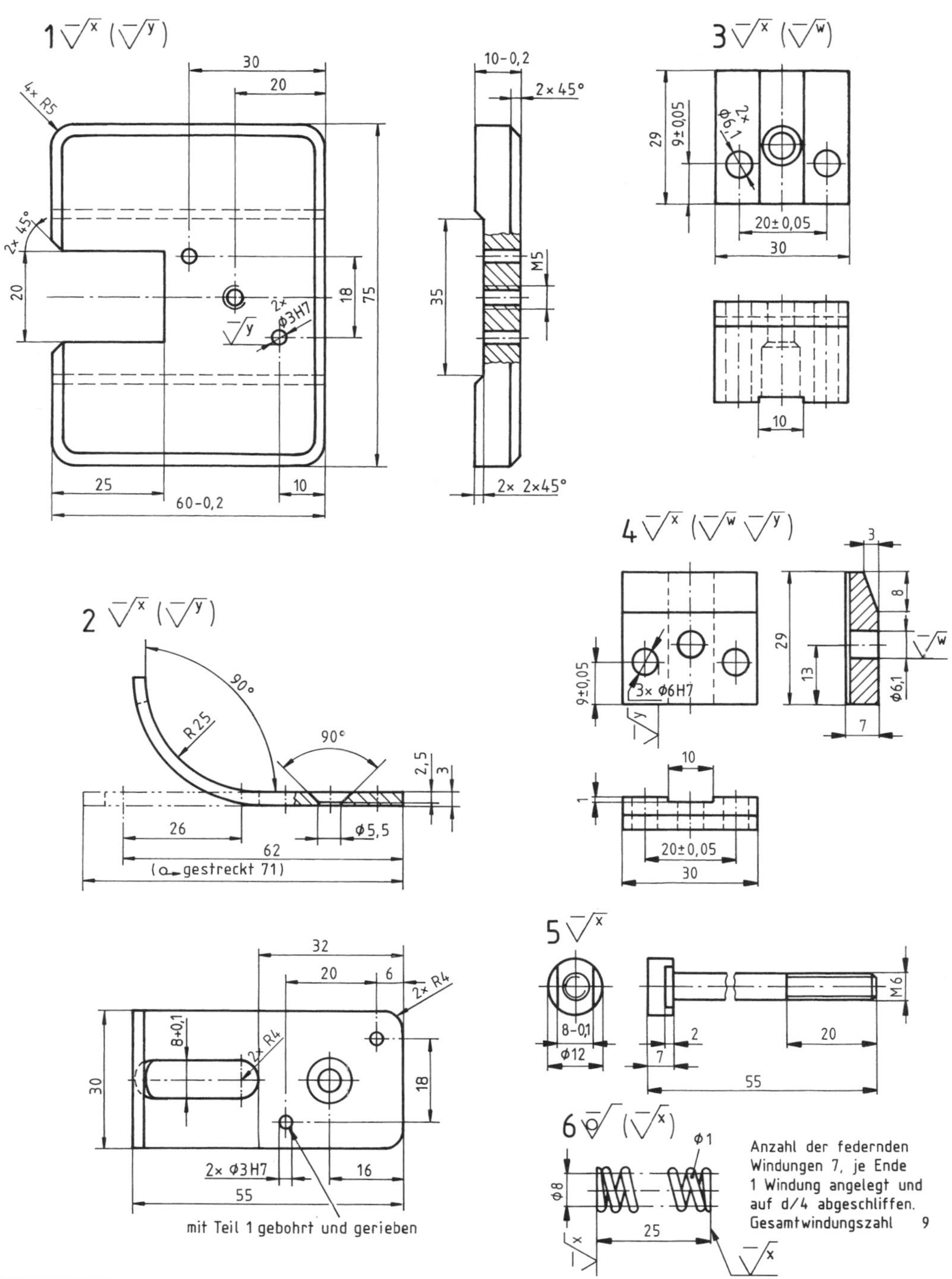

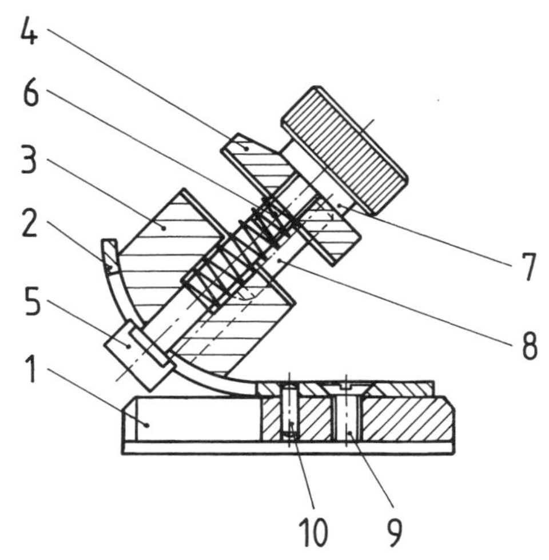

Übersetzungstafel

Passmaß	Höchstmaß	Mindestmaß
3 H7	3,010	3,000
3 m6	3,008	3,002
6 H7	6,012	6,000
6 m6	6,012	6,004

√w = √Rz 100   √x = √Rz 25   √y = √Rz 6,3

Pos.	Menge	Einh.	Benennung	Sachnummer/Norm-Kurzbezeichnung	Werkstoff
10	2	Stck.	Zylinderstift, gehärtet	ISO 8734 - 6 x 10 - A - St	
9	1	Stck.	Senkschraube	ISO 2009 - M5 x 10 - 4.8	
8	2	Stck.	Zylinderstift, gehärtet	ISO 8734 - 6 x 24 - A - St	
7	1	Stck.	Rändelmutter	DIN 6303 - A M6	5
6	1	Stck.	Druckfeder	Draht EN 10270 - A1-A	
5	1	Stck.	Schraube		9S20K
4	1	Stck.	Schlitten		S235JR
3	1	Stck.	Führung		S235JR
2	1	Stck.	Träger		S235JR
1	1	Stck.	Grundplatte		S235JR

Allgemeintoleranzen DIN 2769-b	Oberflächen ISO 21920	Maßstab 1 : 1 Maße in mm	
	Datum	Name	
Bearb.			
Gepr.			Messzeughalter
Norm			
Verlag Handwerk und Technik		40.00	Blatt 1 1 Bl.
Zust.	Änderung	Datum	Name

Gesamtzeichnung - Teilzeichnung

1. *In welchem Größenverhältnis stehen die Teilenummern zu den Maßzahlen?*
2. *Warum müssen die einzelnen Werkstücke mit Teilenummern versehen sein?*
3. *Warum werden in die Gesamtzeichnung grundsätzlich keine Maße eingetragen?*
4. *Wodurch wird in der Gesamtzeichnung der Bezug zwischen der Teilenummer und dem Einzelteil hergestellt?*
5. *Aus welchem Grund sind die Teile 7, 8, 9, 10 nicht als Teilzeichnungen dargestellt?*
6. *Welches Teil wird mit Teil 1 zusammen gebohrt und gerieben?*
7. *Warum sind die Teile 7, 8, 9, 10 in der Gesamtzeichnung nicht im Schnitt dargestellt?*
8. *In welcher Form ist die Gesamtzeichnung dargestellt?*
9. *In welchem Teil ist das Oberflächenkennzeichen für „Materialabtragung nicht zugelassen“ verwendet?*
10. *Was wird durch eine Strich-Zweipunktlinie dargestellt?*
11. *Wie viele Bolzengewinde (Außengewinde) enthält die Vorrichtung?*
12. *Welche Teile sind nicht beweglich, wenn Teil 7 gelockert wird?*
13. *In wie viele Richtungen ist die Vorrichtung verstellbar?*
14. *Wodurch wird verhindert, dass sich Teil 2 auf der Grundplatte verdrehen kann?*
15. *Der Zylinderstift 8 ragt in versch. Bohrungen. Wie müssen diese Bohrungen bemessen sein, damit die Vorrichtung funktioniert?*
16. *Wie viele Teile werden zwischen die Teile 5 und 7 geklemmt?*
17. *Warum verwendet man eine Rändel- statt einer Sechskantmutter?*
18. *Welches Teil enthält eine Vertiefung zur Aufnahme von Teil 6?*
19. *Der Radius 25 von Teil 3 soll verändert werden. Bei welchem Teil ist eine entsprechende Änderung nötig?*
20. *Welche Maße von Teil 3 sind prüfbezogen, welche funktionsbezogen?*

Name	*Klasse*	*Datum*	*Maße in mm*	**41**

Pneumatische Schaltpläne

I. Schaltzeichen
Die Schaltzeichen dienen zur Darstellung der Innenschaltung von Geräten.

Grundsymbole

Arbeitsleitung | Steuerleitung | Leitungsverbindung | Leitungskreuzung | Wegeventil | Filter oder Sieb | Zylinder, Regelventil

Funktionssymbole

Luftauslassöffnung | Strömungsrichtung | Anschluss gesperrt | stufenlose Verstellung | Drosselung | Feder

Aus den Grund- und Funktionssymbolen lassen sich die einzelnen Schaltzeichen einer pneumatischen Steuerung aufbauen.

1. Antriebsglieder

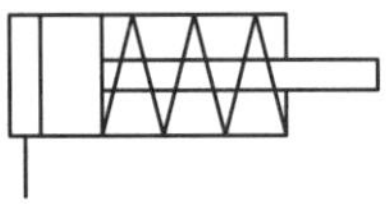

einfach wirkender Zylinder mit Rückstellfeder

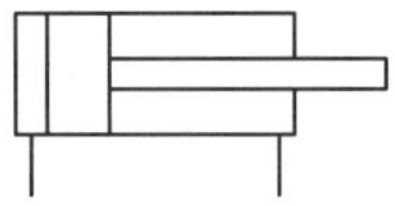

doppelt wirkender Zylinder

2. Signal- und Steuerglieder (Wegeventile)

a) Schaltstellungen

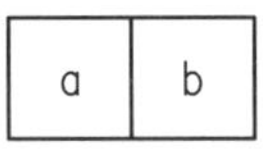

zwei Schaltstellungen

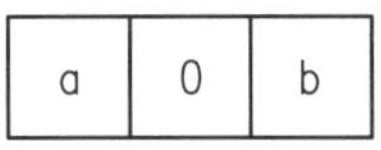

drei Schaltstellungen

Anzahl der Quadrate = ______________________________
____.

b) Anschlüsse

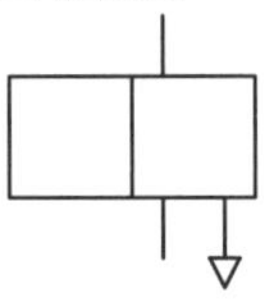

3 Anschlüsse

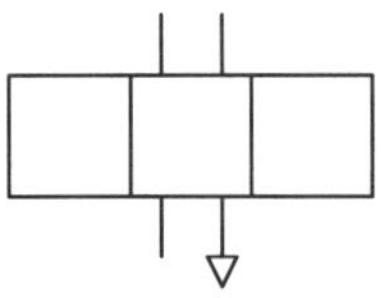

4 Anschlüsse

Anzahl der gesteuerten Anschlüsse = __________________
____.

Alle Geräte werden grundsätzlich in Ruhe- bzw. Ausgangsstellung gezeichnet.

c) Betätigung

Ausgangsstellung

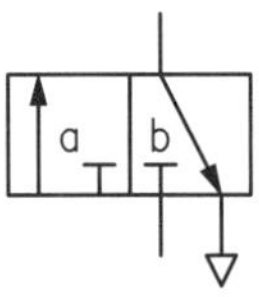

Betätigungsstellung

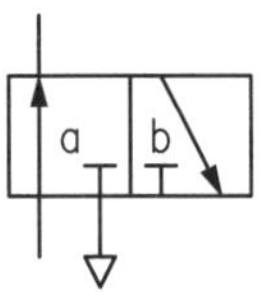

Bei Betätigung stellt man sich die Quadrate zwischen den Anschlüssen ________________________ vor.

Ein 3/2-Wegeventil besitzt ___ Wege und ___ Schaltstellungen.

d) Bezeichnung

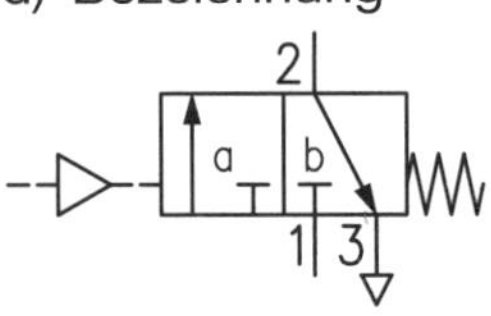

3/2-Wege-Ventil

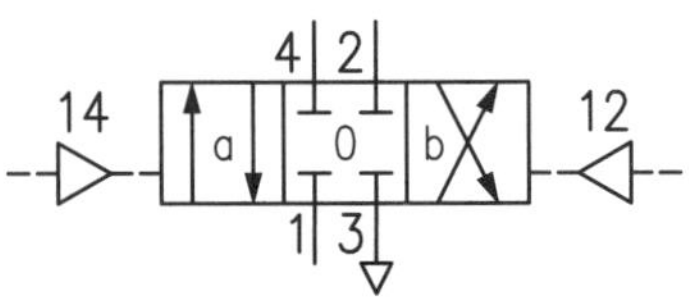

4/3-Wege-Ventil

Ein 4/3-Wege-Ventil besitzt ___ Wege und ___ Schaltstellungen.

1 = Druckluftanschluss
2, 4 = Arbeitsanschluss
3, 5 = Entlüftungsanschluss
12, 14 = Steueranschluss

Beschreibe die Funktion der beiden Ventile in den jeweiligen Schaltstellungen!

Name	*Klasse*	*Datum*	*Maße in mm*	**42**

Pneumatische Schaltpläne (DIN EN IEC 81346)

3. Betätigungselemente (Auswahl)

Druckknopf — Hebel — Rollenstößel — Feder — Druckbetätigung (pneumatisch) — Raste

4. Sperrglieder

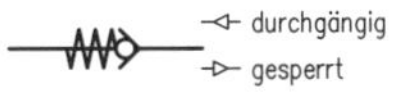

Rückschlagventil

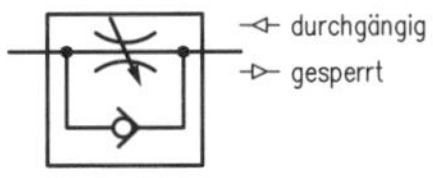

Drosselrückschlagventil

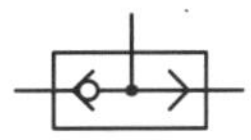

Wechselventil
ODER-Funktion

5. Druckquelle

II. Schaltplan

____

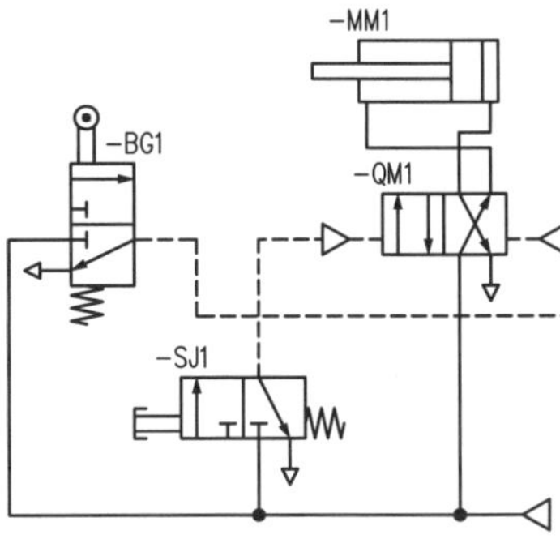

Die Symbole sind grundsätzlich weder maßstäblich noch für irgendeine Lage festgelegt.

Die Leitungen sollen ______________ und möglichst ______________ ______________ gezeichnet werden.

Bei der ______________ Darstellung sind die Signalglieder den Antriebsgliedern, von welchen sie betätigt werden, zugeordnet.

____

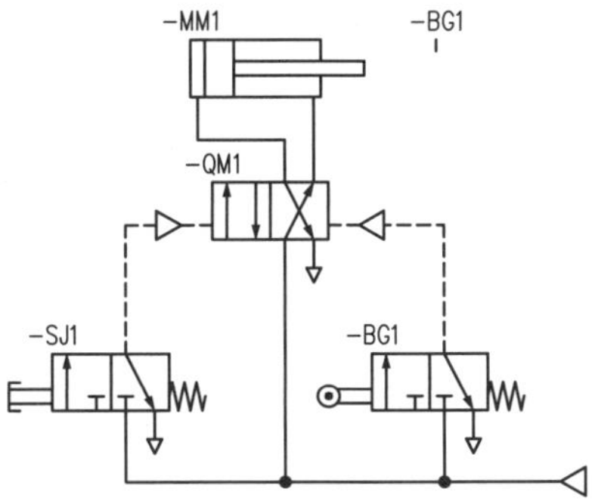

Bei der ______________ Darstellung werden Zylinder und Ventile ______________ eingezeichnet. Die Zylinder liegen oben, die dazugehörigen Ventile, nach Funktionen geordnet, in Reihen darunter. Die räumliche Lage der Signalglieder wird durch einen ______________ ______________ mit ______________ gekennzeichnet.

In der Praxis wird fast ausschließlich die schematische Darstellung angewandt, Antriebsglieder fahren nach rechts aus, Wegeventile werden nach rechts verschoben.

III. Funktionsdiagramm

Ruhezustand

aktiviert

Funktionslinien

Signallinie

Antriebsglieder

Stellglieder

tastend — stellend Aus – Ein — Grenztaster
Signalglieder

Funktionsdiagramm der oben dargestellten Steuerung

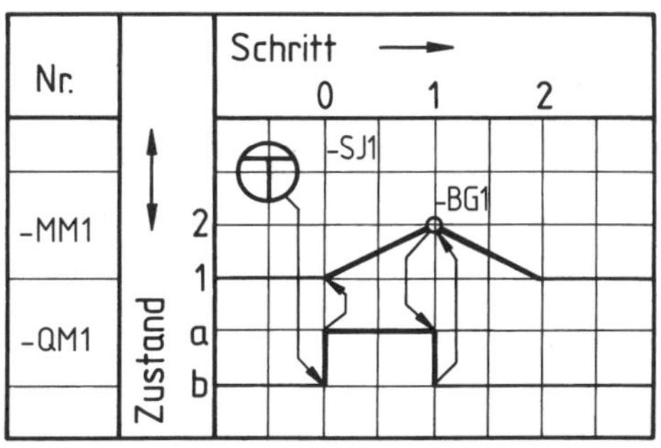

Das Diagramm ist ein wichtiges Hilfsmittel bei der ______________ ______________. Antriebs- und Steuerglieder werden durch ihre ______________, Signalglieder durch ihre ______________ ______________ dargestellt. Die Funktionslinie des Antriebsgliedes liegt über dem des dazugehörenden Stellglieds. ______________ ______________ verdeutlichen das Zusammenspiel der Bauteile.

Pneumatische Schaltpläne

4/2-Wege-Ventil (Druckbeaufschlagung/ Druckbeaufschlagung)

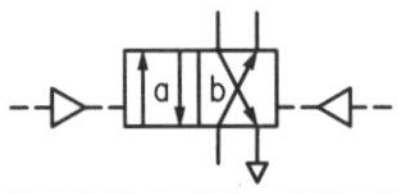

3/2-Wege-Ventil (Druckknopf/Feder)

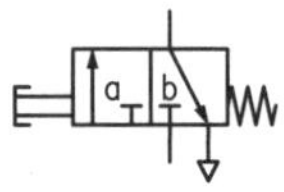

Zeichne die schematische Darstellung mit den Bezeichnungen für Schaltstellung und Anschlüsse!

1. Direkte Ansteuerung

Geräte: -MM1 einfach wirkender Zylinder
-SJ1 3/2-Wegeventil (Hebel/Raste)
Druckquelle

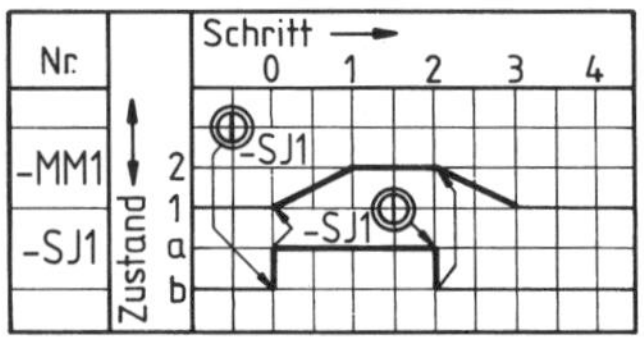

Durch Betätigung des Hebels von -SJ1 fährt der Kolben des Zylinder -MM1 aus bzw. ein.

2. Indirekte Ansteuerung

Geräte: -MM1 einfach wirkender Zylinder
-QM1 3/2-Wegeventil (Druckbeaufschlagung/Feder)
-SJ1 3/2-Wegeventil (Druckknopf/Feder)
Druckquelle

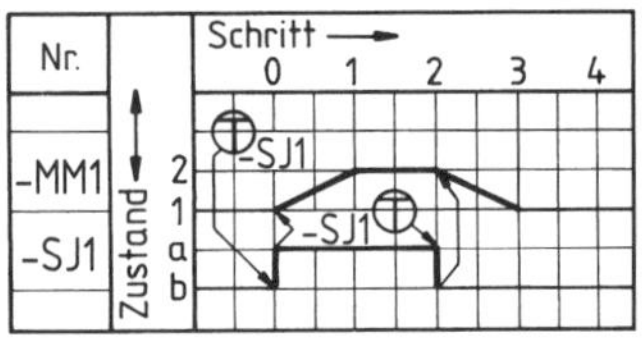

Durch Betätigung des Druckknopfes von -SJ1 wird das Stellglied -QM1 durch Druckbeaufschlagung geschaltet. Der Kolben von -MM1 fährt aus. Die Rückstellung erfolgt durch Federn.

Geg.: Text, Diagramme
Ges.: Schaltpläne

1 : 1	**Grundsteuerung I** (direkt/indirekt)	**A**

1. Willensabhängige Steuerung

Geräte: -MM1 doppelt wirkender Zylinder
-QM1 4/2-Wegeventil (Druckbeaufschl./Druckbeaufschl.)
-SJ2 3/2-Wegeventil (Druckknopf/Feder)
-SJ1 3/2-Wegeventil (Druckknopf/Feder)
-GQ1 Druckquelle

Ein Druck auf -SJ2 schaltet -QM1 durch Druckbeaufschlagung. Der Kolben von -MM1 fährt aus. -SJ1 steuert -QM1 durch Druckbeaufschlagung in die Ausgangsstellung zurück.
Zeichne zuerst das Funktionsdiagramm.
Der Kolben soll zwischen Schritt 1 und 2 ausgefahren bleiben.

2. Wegeabhängige Steuerung

Geräte: -MM1 doppelt wirkender Zylinder
-QM1 4/2-Wegeventil (Druckbeaufschl./Druckbeaufschl.)
-BG1 3/2-Wegeventil (Tastrolle/Feder)
-BG2 3/2-Wegeventil (Tastrolle/Feder)
-SJ1 3/2-Wegeventil (Hebel/Raste)
-GQ1 Druckquelle

Hinweis: Die Anlage kann durch -SJ1 eingeschaltet und in der Ausgangsstellung gestoppt werden. In der Ausgangsstellung ist -BG1 geschaltet, also in Schaltstellung a (Skizze) und wird auch so gezeichnet.

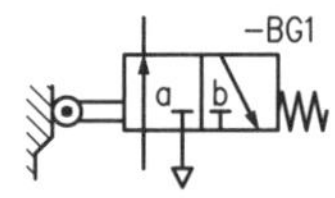

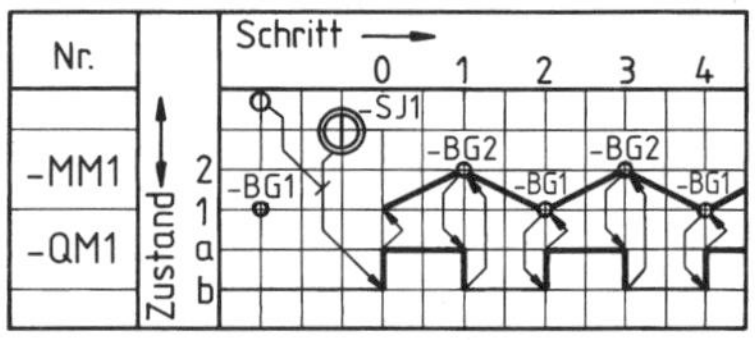

Geg.: Text, Skizze, Diagramme
Ges.: Diagramm, Schaltpläne

1 : 1	**Grundsteuerung II** (willensabhängig/wegeabhängig)	**B**

Zeichne das Funktionsdiagramm und die schematische Darstellung des Schaltplans!

Geräte: -MM1 doppelt wirkender Zylinder
-QM1 4/2-Wegeventil (Druckbeaufschl./Druckbeaufschl.)
-SJ1 3/2-Wegeventil (Druckknopf/Feder)
-BG2 3/2-Wegeventil (Tastrolle/Feder)
-MM2 doppelt wirkender Zylinder
-BG1 3/2-Wegeventil (Tastrolle/Feder)
-GQ1 Druckquelle

Zylinder -MM1 und -MM2 befinden sich in der hinteren Endstellung, die Ventile in Schaltstellung b. Ventil -QM1 steuert die Rückstellklammern von -MM1 und -MM2 und die Vorlaufkammer von -MM1; -BG1 steuert die Vorlaufkammer von -MM2.
Wird nun der Druckknopf von -SJ1 betätigt, schaltet -QM1 um, -MM1 fährt aus und betätigt in seiner vorderen Endlage -BG1. Jetzt fährt -MM2 aus und betätigt in seiner vorderen Endstellung -BG2. -BG2 schaltet -QM1 zurück. Beide Kolben fahren in Ausgangsstellung zurück.

Geg.: Text
Ges.: Diagramm, Schaltplan

1 : 1	**Folgesteuerung**	**C**

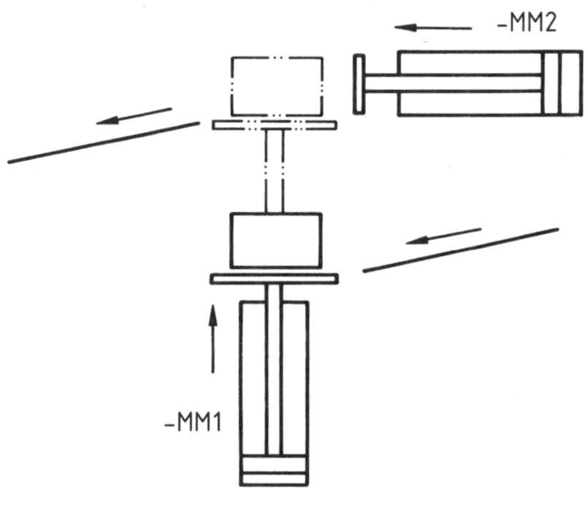

Behälter, die über ein Rollenband ankommen, werden durch den Zylinder -MM1 angehoben und dann von Zylinder -MM2 auf ein anderes Band geschoben. -MM2 soll erst zurückfahren, wenn -MM1 wieder seine hintere Endlage erreicht hat. Die Anlage wird für jeden Vorgang über einen Druckknopf eingeschaltet und kehrt selbstständig in die Ausgangslage zurück.

Zeichne das Funktionsdiagramm und den schematischen Schaltplan!

Geg.: Text, Skizze
Ges.: Diagramm, Schaltplan

1 : 1	**Transportsteuerung**	**B**

Name	Klasse	Datum	Maße in mm	44